米国覇権の凋落と日本の国防

Japan's National Defense After U.S. Hegemonic Decline

松村昌廣

芦書房

米国覇権の凋落と日本の国防

目次

序論

1　分析の目的と焦点

中国の台頭と米国の相対的凋落に直面して、中長期的には東アジアの安全保障秩序に不確実性が高まるなか、わが国は純軍事的側面での自助努力としてどのような施策、措置を採ればよいだろうか。具体的には、これには自衛隊の防衛装備品調達、部隊の編制・配備・態勢、作戦ドクトリン、自衛隊と米軍との連携・協力・協働作戦ドクトリン、わが国による米軍への基地・施設の提供及び必要な補給・整備支援などが含まれる（継続的提供だけでなく、提供条件の改善を含む）。

本書の目的は、これらの点について、近年わが国が採ってきた政策・施策を分析、評価するとともに、今後の課題を提起し、少なくとも採るべき政策・施策の方向性や大枠を提言することにある。

このためには、まず中国の台頭が今後も続くか、またそれに伴ってより好戦的（さらなる頻度と強度でもって武力による威嚇、武力の行使に訴えるよう）になるか、その見通しをできる限る客観的に捉える必要がある。また、米国はその軍事覇権を支えている経済覇権を維持できるか（大幅な国防費の強制削減を回避できるか）、つまり、わが国は自国の安全を保障していく上で米国に引き続き依存していくことが可能かどうかについてできるだけ客観的に捉えなければならない。その上で、米国が表明する対中戦略等が有効に機能するかどうか、注意深く分析してみる必要がある。

次に、日中が直接軍事的に対峙する東シナ海において、日米同盟を介して米軍事力を発揮させるには、南西諸島、とりわけ沖縄本島の在日米軍基地の役割が極めて重要である。わが国は米軍の軍事的必要性をうまく満たす形で引き続き必要な基地・施設を提供できるだろうか。また、自衛隊はその軍事力を強化する形で新たな基地・施設を確保できるだろうか。南西諸島の圧倒的に海洋型の地理的特性に鑑みると、分析は航空基地の確保に焦点を合わせる必要がある。

さらに、わが国は第二次安倍政権の下、初めて「国家安全保障戦略」を策定し、形式的にはそれと一貫性を有した形で「平成二六年度以降に係る防衛計画の大綱について」と「中期防衛力整備計画（平成二六年度～平成三〇年度）について」も策定した。これらの方針や施策によって、自衛隊の防衛装備品調達、部隊の編制・配備・態勢、作戦ドクトリンは妥当なものとなるであろうか。

このように、本書の特徴はわが国の国防政策の現状とそのあるべき姿を具体的な政策分析の観点から詳細に、かつある程度体系的に論じたもので、現在までのところ類書はほとんどないと思われる。本書を可能にしたのは、著者自身が二〇〇〇（平成一二）年以来発表してきた米国覇権と日本の安全保障政策に関する三冊の先行研究書である。四冊目となる本書の特色はこれらの研究の変遷の中に位置づけることでより明らかになる。

第一は、二〇〇〇年に公刊された拙著『米国覇権と日本の選択――戦略論に見る米国パワー・エリートの路線対立』（勁草書房）である。その特徴は、米国が軍事的、経済的に圧倒的な優勢を誇り、米国覇権が構造的に安定していることを前提とした静態分析のアプローチを採ったことにある。分析の焦点は、安定的な米国覇権の下では、米国のパワー・エリートの路線対立によって米国の安全保障政策は大きく変動するから、個別の政権による特定時期の政策動向に翻弄されないように、日本の政策選択の幅を見極めることにあった。この研究は直接的間接的に本書とかなりの程度重複する分析対象を含んでおり、時間の経過にも関わらず、その分析や政策提言は今日でも概ね妥当なものであると自負している。というのは、その後、急速な中国の台頭や迷走する北朝鮮の瀬戸際外交など、東アジア情勢に大きな変容は見られるものの、米国覇権は依然として機能しているからである。もっとも、米国覇権に陰りが見え始めたことから、不確実性が高まっており、もはや『米国覇権と日本の選択』は中長期的な戦略・政策指針を与えることはできない。

第二は、二〇〇五年に出版した拙著『動揺する米国覇権』（現代図書）である。この研究では米国覇権の動揺を把握するために、その具体的背景と動揺の実態に焦点を絞り、両者の連動に着目した分析を行った。また、いかに米国の覇権政策がパワー・エリートの路線対立により迷走したかを、その東アジア安保政策と中東安保政策、とりわけ両者の連動に焦点を絞って考察した。そうして捉えられた米国覇権の動揺の背景、特徴、パターン、とりわけ北朝鮮や中国に関する部分は今日でもほぼそのまま通用する。これら二地域に対する米国の安保政策は依然として本質的に同じ問題を抱え続けていることから、米国覇権の動揺はますます深刻となり、覇権そのものの弱体化が進んでいると思われる。

第三は、二〇一〇年に公刊した『東アジア秩序と日本の安全保障戦略』（芦書房）である。この研究では、理論的、歴史的に東アジア秩序に関する様々なシナリオと戦略的選択肢を整理し分析した上で、そのような中長期的見通しの下、主要な国際問題の現状を個別に分析し、合わせて具体的な政策を検討し提言した。いうまでもなく、現在の東アジア秩序は米国主導の日米同盟によって支えられており、その主柱を強化するように米韓同盟と米台間の準同盟関係（米国内法である台湾関係法に基づく）がある。実際、日米同盟は単に東アジア秩序だけではなく、アジア太平洋地域全体の秩序を維持する上で不可欠の役割を果たし、米国のグローバルな軍事ネットワークの枢要な部分を構成している。そこで、冷戦後、東アジアで勃発する可能性がある米中間の武力紛争は朝鮮半島有事と台湾有事であることから、北朝鮮問題と（中台）両岸関係問題を米中日の戦略関係と東アジア秩序に焦点をあてて情勢分析を行い、日米同盟そしてその中での日本の役割を考えた（この時点では、尖閣有事の可能性はあまり高くなく、日中間の武力紛争に米国が介入する可能性をあまり考慮する必要はなかった）。さらに、こうして分析された個別事象、とりわけ東アジア国際関係の政治・政策過程の背景にある国際パワー構造を米中日間の軍事力の動向、とりわけ対衛星兵器に着目して宇宙空間の支配に焦点を絞って考察した。最後に、東アジア秩序に関する中長期的見通しの下、東アジア国際関係の構造と過程の現状分析を踏まえて、日本の軍事安全保障政策、とりわけ長年わが国の防衛戦略の中核概念であった「基盤的防衛力」構想がもはや妥当でないことを分析した。

二〇一〇年の前著公刊後、わが国は中国による未曾有の軍拡に直面しながら、二〇一二年以降、東シナ海において断続的に中国と直接軍事的に対峙する状況に陥っている。また、財政難に苦しむ米国が国防費を大幅に削減して、わが国に対する防衛義務を果たす意思と能力を持ち続けるかどうか不確実性が高まってきた。本書は前著を踏まえつつも、こうした新たに高まったリスクに対処する視点から、冒頭に述べた国防政策を純軍事的諸側面から政策の細部にまで言及して分析・評価し、さらにあるべき政策を提言する。

2　本書の構成

本書は五部、九章からなっている。

第I部は、わが国にとっての中国リスクと米国リスクを分析する。

第1章では、中国リスクに関して、中長期的な中国の人口動態、とりわけ、確実に現在のわが国以上に急速に進む少子高齢化がどの程度深刻な財政的制約、とりわけ国防費への制約を課すか、その結果、中国の膨張的で強圧的な対外政策にどのような変容をもたらすか、その見通しを分析する。他方、そうした状況に陥るまでの間、大きな財政的制約を受けない中国がある程度国防費を増加し続ける余力を有する一方、貧富の格差拡大など、増幅する国内の経済社会的矛盾に直面して、いかに人民の不満に対処し共産党体制を維持しようとするか、その対外政策への含意を考察する。

第2章では、二〇〇八年のリーマン・ショック以降、米国連邦政府が抱える巨大な債務総額（公的債務はその一部に過ぎない）を調査し、金融経済面で極めて深刻な構造的危機に陥っている状況を考察する。さらに、この状況が国防費の支出水準、延いては米国の軍事覇権にとって有する含意を考察する。

第Ⅱ部は、米国の対中防衛・軍事戦略を分析する。

第3章は、米国が中国の「接近阻止・領域拒否（Anti-Access/Area Denial：A2AD）」戦略に対して打ち出した作戦構想、「エアシー・バトル（Air-Sea Battle）」の限界と含意を分析する。ここでは、構想の前提と盲点を詳細に分析し、中国が政治的、軍事的、外交的な手法でいかにして盲点を突き、自らの定義する「勝利」を獲得できるか、その可能性を探る。また、懸念される米国防費の強制削減の三つのシナリオを想定し、各々の場合にどの程度、同構想が米軍に要求する戦力が実現可能かを捉える。さらに、米中のミサイルや航空機の保有数などに着目して、初歩的な媒介変数分析の先行研究を用い、構想の有効性を分析する。これらのシナリオに合わせて、米日台三カ国が各々どのような自助措置を採るべきか提言する。

第4章は、現在、米国の対中戦略・アプローチとして溯上に載っている「リバランス（rebalance）／ピボット（pivot）」、「エアシー・バトル」、「オフショア・コントロール（Off-shore Control）」を比較対照して、米国の対中戦略策定が迷走している様を分析する。その際、比較的完成度の高かった米国の対ソ連「封じ込め」戦略を比較材料として用いながら、「(想定する）戦争の規模・期間からの評価」と「戦略論体系からの評価」の観点から分析する。

第Ⅲ部は、日中が直接軍事的に対峙する東シナ海において地政学的に重要な南西諸島の基地問題を分析する。

第5章は、民主党政権で迷走した米海兵隊普天間基地の移転問題を、所謂「五五年体制」と日米安保体制の両者を表裏一体として観た構造的な視点から分析する。また、この移転問題を巡る鳩山・菅内閣時代の政策過程を分析することで、基本的には現在でも継続している沖縄の地方政治が日米同盟政策に課す制約を捉える。また、第3章で詳細に分析したこととも符合するが、沖縄本島における米軍基地が中国のミサイルの射程内にあり、その攻撃に脆弱であることから、その軍事的価値が条件付き、限定的であることを踏まえ、どのような基地の在り方と利用方法が地方政治の制約を躱《かわ》すこととなり、また軍事的にも有効であるか提言する。

第6章は、自衛隊による下地島空港（沖縄県宮古市）の活用を提言する。この民生空港は三〇〇〇メートル滑走路を含め、わが国有数の設備を有し、その潜在的な軍事的価値は非常に大きいにも関わらず、政治的な制約のため、現在、ジェット機のパイロット訓練専用としてしか使用されていない。ここでは、同空港を巡る技術的、経済的、政治的状況の変容のため、防衛目的での活用に向けて「機会の窓」が開きつつあることを分析し、そのために必要な措置を提言する。

第Ⅳ部では、現在のわが国の防衛・軍事戦略を分析・評価する。

第7章では、第二次安倍政権が防衛・軍事戦略として提示した「平成二六年度以降に係る防衛計画の大綱について」（装備調達と組織改編における資源配分の方針と概括的な装備・組織の規模に関する「別表」を含む）とそれと並行して策定・発表された「中期防衛力整備計画（平成二六年度～平成三〇年度）」（装備調達の具体的な数量を明示した）を、中核的概念として採用した「統合機動防衛力」を焦点に捉える。ただ、既に民主党政権下で公刊された『（二三年度版）日本の防衛』（所謂、防衛白書）では、実質的に同じ「動的防衛力」が提示されており、「統合機動防衛力」はそれを言い換えたにすぎない。もっとも、民主党政権下では、具体的な防衛装備品の調達政策に踏み込むことはできなかった。というのも、従来の「基盤的防衛力」構想から「動的防衛力」構想への転換は陸上自衛隊のリストラによって海空自衛隊の増強を要求することから、最大の人員を擁する陸自の組織的抵抗が強かったためである。実際、そのため、本書著者がこの章の初出論文を防衛省・自衛隊に影響力を持つ媒体によって発表することはできなかった。ただ、著者は民主党政権下で始まった予算監視・効率化チーム会議（所謂、「行政仕分け会議」）の外部有識者委員であったため、二〇一二年一月に全省的なこの会議の際、その全構成員に論文を直接配布した。その後、本章の内容と防衛省の政策はかなり重複している部分があることから、この論文が防衛省・自衛隊内部の議論に一定の影響を与えたのではないかと愚考する。

第8章では、第三世代の戦闘機である航空自衛隊のF－4ファントムの後継機として、どの機種を選定すべきであったか、価格、性能、防衛産業基盤の維持、対米同盟関係の維持等の総合的な観点から論ずる。最終的に、政府は対米同盟関係を重視して、米国製のF－35ライトニングを選定したが、本章で論ずるように防衛産業基盤の維持・強化を重視して英国製のユーロファイターという選択肢も十分妥当性があった。実際、その後、開発中のF－35は技術的な問題が続出し、調達予定国がその調達計画を修正・変更しており、わが国は期待する性能の機体を予定通り調達できるかという点で別の深刻なリスクをかかえることとなった。

第V部は、第9章だけの構成で、第二次安倍政権が初めて策定した「国家安全保障戦略」の意義を考察する。具体的には、従来の外交安保政策とは異なる新たな方向性を提示したか、国民からの支持を確保・強化する内容であるか、意図した対外発信を行う内容であるか、装備調達や組織改編における資源配分に対して明確な指針を提示しているか、これら四点に着目して総合的に分析・評価し、今後の「国家安全保障戦略」策定における課題を明らかにする最後の「まとめ」は、本書の論点を簡単に要約したものである。本書の内容を急いで知りたい読者はここから読み始めてもらっても構わない。

本書は、桃山学院大学総合研究所共同プロジェクト「二一世紀の日本の安全保障（Ⅳ）」の成果の一部であり、二〇一五年度桃山学院大学学術出版助成を受けて刊行されたものである。記して感謝申し上げる。

〈初出一覧〉

第1章　"China's demographic onus and its Implications to the Japan-U.S. Alliance: the Increasing Need for Deterring China's Aggression against the Senkaku Islands", *Jebat: Malaysian Journal of History, Politics, and Strategic Studies*, December 2015, Vol. 41, No. 2.

第2章　「中国と台頭と日米同盟の展望」『正論』二〇一三年五月号。

第3章　"The Limits and Implications of Air-Sea Battle Concept: A Japanese Perspective", *Journal of Military and Strategic Affairs*, No. 15, No. 3, June 2014.

第4章　「錯綜するオバマ政権の対中戦略論」『問題と研究』二〇一四年一〇・一一・一二月号。

第5章　"Okinawa and the Politics of an Alliance", *Survival: Global Politics and Strategy*, Vol. 53, No. 4 August/September 2013.

第6章　「下地島を自衛隊航空基地に」『ＲＩＰＳ　政策提言』（一般財団法人）平和・安全保障研究所、No.12、二〇一四年八月。

第7章　「『動的防衛力』構想の含意と課題」『桃山法学』二〇一一年三月。

第8章　「次期戦闘機の調達機種提案」『RIPS　政策提言』No.10、二〇一〇年八月一五日。

第9章　「第三次安倍内閣の安保戦略のために――『国家安全保障戦略』（平成二五年）から考える」『治安フォーラム』二〇一五年六月号。

中国の海洋進出における列島線

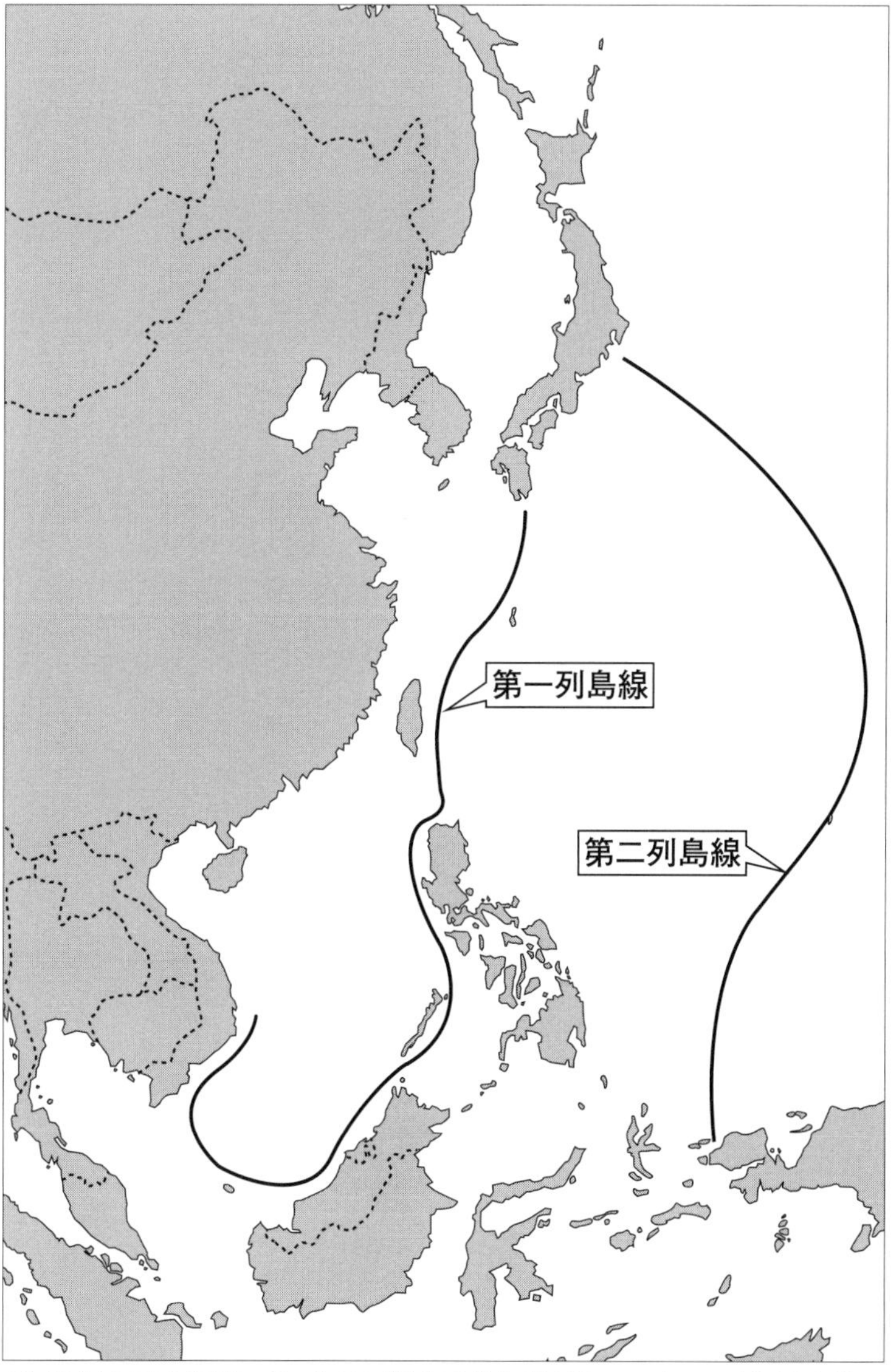

（出典）『中国安全保障レポート2011』防衛省防衛研究所、2012年、10頁（図1）を基に列島線を作成。

中国の抗日戦争勝利70周年軍事パレード（2015.9.3）
写真提供：新華社＝共同通信

第Ⅰ部　東アジアの安全保障環境

――日米同盟対中国のパワー関係を焦点に

第1章　人口動態がもたらす中国の凋落と過渡期の対処策

約二〇年続いてきた中国の台頭とそれに伴う米国の相対的凋落は今や米国覇権後の新たな世界秩序を巡る論争の焦点となっている。この論争に対して、二〇一二年末に公刊された米国国家情報会議（National Intelligence Council）による出版物、『二〇三〇年　世界はこう変わる（*Global World in 2030: Alternative Worlds*）』は「米国であれ、中国であれ、他のいかなる大国であれ、二〇三〇年までには覇権国ではないであろう」と論じて、火に油を注いでいる。[1]また、本書著者自身も米国を代表するシンクタンクであるブルッキングス研究所北東アジア政策研究センターの招聘研究員であった二〇〇七年、止めることができない中国の経済力の拡大とそれに必然的に伴う相当な軍備拡大が将来も継続すると想定して、論文を執筆した。[2]二〇一三年夏の時点でも同様の前提が変容する東アジア秩序を考察する上で依然として有効であるとして、防衛大学校教授の神谷万丈氏もわが国外務省の実質的なシンクタンクである国際問題研究所の機関紙『国際問題』において論考を発表した。[3]これらの出版物は「持続する中国の台頭」のイメージが日米の学術・知的共同体に相当程度浸透していることを示唆している。

　しかしながら、注意深く考察すると、中国が地域覇権国として発展しつつあるとの認識は、過去二〇年間二桁の経済成長率を継続してきたその統計上のパターンを単に長期的に外挿したに過ぎない。しかも、そのような広範な外挿の正当性を実証する歴史上の前例は存在せず、こうした外挿は恐らく妥当ではない。というのは、たとえ追加的な資源を投入・動員したところで、発展途上国の経済は更なる成長を阻む一連の経済社会的なボトルネックに直面することを避けることができない、または、単に経済成長を産む資源投入の限界効用が逓減《ていげん》するからである（実際、一般的に、中国経済が十分な雇用と社会的安定性を維持するために最低限不可欠だとされる年率八％の経済成長率を維持できないことから、そのようなボトルネックに既に直面しているかもしれない）[4]。その上、ハードウェア技術や人的資源だけでなく、指揮、統制、通信、コンピューター、諜報、監視、偵察機能（C4ISR：Command, Control, Communications, Computers, Intelligence, Surveillance and Reconnaissance）を統合する高度な軍事情報通信システム能力を構築する際に本質的に潜んでいる技術的、組織的障害の存在ために、経済成長は必ずしも軍事能力には転換されない[5]。明らかに、中国の地域覇権の出現が不可避であると主張する堅固な根拠は存在しない。

　さて、津上俊哉氏はその著作『中国台頭の終焉』の中で、豊富な統計データを示しながら、中国の高度経済成長が継続するとの確立した認識は単に中国側の妄想であるだけではなく、われわれ日米欧側の幻想であると説得力をもって論じている。つまり、中国は既に高度経済成長から中程度の経済成長の時代に入っており、年率五％の経済成長率でさえ達成することは非常に困難だからである。津上氏は、今や中国は厳しい未来に直面し、その国内総生産（ＧＤＰ）は決して世界第一位となることはないと主張する[6]。小峰隆夫氏を含め幾人かの経済学者はわが国の「失われた二〇年」として知られる[7]

低出生率を伴う急速な老齢化に起因する人口減少圧力が、長引く社会経済的な停滞をもたらしてきた主要な原動力であると最近ますます認識するようになってきた[8]。また、津上氏はこうした人口学的アプローチを数十年間に亘り厳格な「一人っ子政策」を採ってきた中国に対して適切に適用をした。確かに、津上氏の分析は中国の人口動態に関する既存の英語文献と多くの共通点を有しているが[9]、同氏の主要な貢献は人口動態の現実とそれに関する認識との間の顕著なタイム・ラグが存在すること、つまり、旧態の認識に基づき、米国、日本、東アジア諸国、そして、最も重要なことに、中国自身が的外れの外交・安全保障政策を策定してきたことを分かりやすく図式的に提示したことにある。

本章は、必要なら他の文献によって補いながら、まずなぜ津上氏が中国台頭を巡る国際的に主流の分析に挑戦しているのかその根拠を説明する。次に、中国の対外行動に対する長期的含意と中期的含意を峻別した上で、尖閣諸島領有問題に関連するような日本の安全保障政策上の懸念にとって高い政策上の関連性を有することに焦点を合わせると、中期的含意がより重要であることを示す。津上氏自身は中期的含意については言及しておらず、恐らく本書著者が提示する中期的含意には同意しないであろう。さらに、そうした中期的含意の観点から、本章は日米相互安全保障条約の条文に見出される日米同盟の主要な短所を注意深く検討し、いかに日本が中国台頭による中期的な挑戦を乗り越え国家の安全を保障するか、その政策提言を行う。

1　中国の人口オーナスと社会経済的インパクト

一般に未来予測は社会科学において困難な仕事であるが、人口動態は高い確度で予測可能である。これは、或る国家社会で既に生まれている人々の年齢構成は既知であり、将来の人口増も個別の社会に固有の比較的安定した出生率から容易に見積ることができるからである。したがって、人口動態は当該国家の経済パワーとそれに必然的に左右される軍事パワーに与えるインパクトを理解する上で極めて有効な着眼点である。

ここでカギとなる概念を押さえておこう。「人口ボーナス（demographic bonus）」とその反意語の「人口オーナス（demographic onus）」は注目に値するがしばしば見過ごされてきた概念であり、特に国際安全保障研究の分野では十分探究されてきたとは言い難い。

「人口ボーナス」とは既に一般的に使われている用語で、「人口の配当（demographic dividend）」と呼ばれることもある。「人口ボーナス」とは、或る国の総人口に対して労働人口が多ければ多いほど、年金やその他の金銭的な支援を必要とする労働人口一人当たりの非労働者・扶養家族が少なくなり、国民経済の全体的状況に対してより高いプラスの経済的効果をもたらすことである。(10) つまり、「人口ボーナス」は引退した老齢者を支える労働人口の相対的増加によって可能となり、労働人口に対して個人レベルでより多くの可処分所得を与え、それによってより強い有効需要とより高い経済成長率に繋がる。

逆に「人口オーナス」は非労働人口を支えるために、労働人口に対して非労働人口の規模が相当大きいことから、一人当たりの金銭的負担が高く、必然的に国民経済全体にマイナスのインパクトを及ぼす。所得水準が上がるにつれて、多くの子供を持とうとする動機付けはかなり弱まり、出生率は低下する。これによって、当該社会の人口構成はピラミッド型から逆ピラミッド型へ変容することとなる。しかし、平均寿命が伸び、死亡率が低下するため、人口減少はゆっくりとしか進まない。縮小した労働人口は、こうした人口動態が変容する前に出生した非労働人口の社会保障・福祉費の相当な部分を当該人口が消滅するまで負担することとなる。当然、このコストは労働人口の購買力、有効需要、そして当該国民の経済的活力を低下させ、その結果、かなり軍事力増強に必要な財政的支出を妨げることとなる。つまり、当該国の総人口の規模そのものではなく、年齢構成こそが生活水準、福祉サービスの水準、軍事費支出を左右すると言える。

したがって、発展途上国の社会は、「機会の窓」が開いている限られた移行期に、自国を個人レベルでもマクロ経済レベルでも豊かな社会への道に乗せなければならない。さもなければ、発展途上国は「人口オーナス」に苦しむこととなる。小峰氏によれば、日本の「人口ボーナス」は一九五〇年に始まり、一九九〇年に終わった[11]。そして、日本は一九七〇年代と一九八〇年代に「人口ボーナス」に乗じて、この時期、継続的に非常に高い経済成長率を記録したのであった。この事実は、日本経済が何ゆえ過去二〇年間成長できなかったかを説明するのに役立つ。同様に、小峰氏は中国の「人口ボーナス」効果が一九六五年に始まり二〇一五年に終わると判断している[12]。確かに、中国は鄧小平氏の領導の下、一九七八年に改革・開放政策を開始した後、過去二〇年間の経済発展で追い上げに成功した。

とりわけ、最近までの一〇年間余り、中断されることなく二桁の経済成長を達成した。しかし、津上氏は、いずれ何故中国が豊かな社会への切符を手に入れる前に必ず深刻な「人口オーナス」に直面し、所謂「中進国の罠」に陥るかを示している。

津上氏は既に中国においては「レービスの転換点」――後進的で非資本主義的な自給自足・最低生存費部門（subsistence sector）から近代的で資本主義的な生産部門に限りない労働力が供給される状況――は既にそのピークを通り越したと捉える。(13) 一九七八年の改革・開放政策の開始以来、中国の労働集約的産業は労働賃金を上げる必要性に直面せず、そうした無制限の労働力の供給に乗じ、工業製品の輸出市場において高い国際競争力を維持した。この状況は速い工業化、経済成長、そして資本蓄積の好循環を生んだ。しかし、最近、中国の製造業者は賃金の急激な高騰を見舞われ、未だ安価な労働力が豊富にある東南アジアや南アジアの諸国に対して急速に国際競争力を失いつつある。これらの製造業者は先進国の資本集約的部門や知識集約的部門の製造業者にほとんど対抗できない。明らかに、もはや中国は世界第一の工場としての役割を演じることはできない。今や中国は安価な労働力がなくなり、現在の労働集約的な産業構造から資本集約的ないしは知識集約的な産業構造へ移行することによって、つまり、現在の資源投入主導の経済成長から資本・知識主導の経済成長に移行することによって、イノベーションを通じた高い生産性と付加価値を実現せねばならなくなっている。(14) はたして、中国はイノベーションの達成のために必須のインフラ、研究・開発、そして教育に投資する十分な財政的リソースを用意できるだろうか。

津上氏によれば、中国は必要な構造改革を実行し、「中進国の罠」を回避することはできない。というのは、現共産党体制下の政府と国営企業は、国富に占める大きな部分を支配しているからである

（実際には、所有さえしている）。また、政府は広範で強力な権限によって許認可、中央政府及び省政府の大きな予算、土地使用権の付与を介して資源配分を支配する経済パワーを驚くほど集権化してきた。このことは、政府が金融、通信、重工業などの基幹産業における多くの国有企業を支配することで、市場のプレーヤーであるとともに同時に審判でもあることを意味する。こうした中国の国家資本主義の構造はリーマン・ショック後になされた巨大な公共投資に対する政府支出によってより強化されたし、その結果、本来イノベーションの主たる担い手たる民間部門を相対的にはかなりの程度凋落させてさえしまった[15]。この構造は都市住民に対して農村部の貧農を事実上差別してきた従来の戸籍制度によってさらに悪化しており、ベーシック・ヒューマン・ニーズ（basic human needs, 適切な食糧、家や施設などの居住環境、衣服などの基本的な物資の必要性）が満たされた現段階では、有効需要も創出に不可欠である所得分配と高付加価値の財・サービスの大量消費を妨げている。それゆえ、恐らく中国は共産党独裁体制の終焉に繋がる顕著な経済的、政治的自由化なしには、必要な構造改革を達成できないであろう。というのは、現共産党体制は一九八九年の天安門事件以来、如何なる顕著な政治経済的改革を行うことも断固拒否してきたことから、このような構造変革はとてもあり得そうにないからである。

したがって、長期的な見通しとして、中国の地域覇権国としての登場は単に中国人の妄想であるだけでなく、日本人や米国人の幻想である。つまり、今日、中国人が根拠のない自信過剰と陶酔の感覚で行動している一方、われわれは絶頂期にあったリーマン・ショック前の中国のイメージに反応しているのである。むしろ、中国は国際政治史上、先進工業国となる前に急速な老齢化に直面する最初の国となるのである[16]。

2 長期的見通し――「老齢化による平和（Geriatric Peace）」

津上氏は、中国が急速に「中進国の罠」に陥りつつあるという理解に基づいて、二〇二五年から二〇三〇年以降、長期的には中国が外部世界に対して全面的な軍事侵略を行う可能性はほとんどないと見ている。というのは、中国は単にそうした目的のために大きな軍事費を捻出できなくなるからである[17]。

確かに、都市に流れ込む貧農は農村部の故郷に置いて来た年老いた両親を見放すかもしれないが、子供が年老いていく両親の面倒をみるべきであるとの道徳的責任感に基づく家族に関する伝統的な社会規範は、都市でも農村でも親と同居している子供の間には十分高い水準で遵守されると思われる。また、万一現共産党体制が老人達を見放し、そうした老人達が住む地域社会の不満が昂《こう》じて、ひどく社会的、政治的な安定性を欠くこととなれば、現体制は対外安全保障から国内治安に財政的リソースを振り向けざるをえなくなるであろう。この可能性は既に爆発しそうな不満が表面化している少数民族地域では顕著であり、とりわけチベット自治区や新疆ウイグル自治区では際立っている。こうした論議は老人福祉費と軍事費の間に存在するトレード・オフ関係に焦点をあてた「老齢化による平和」に関する英語文献の議論とも一致する[18]。このトレード・オフ関係に加えて、リビキ氏は、低い出生率の国は大家族、つまり余分な息子たちを持つ国に比して子供の命を危険に晒すことを避けたがると考える。[19] この議論は長年「一人っ子政策」を採ってきた中国によく当てはまる。イスラ氏もまた今後の人口動態は「北京政府のリスク回避を強め、周辺地域での好戦性を自制するであろう」と捉えている。[20] リビキ氏が議論するように、中国が長年「一人っ子」政策を採り、その下で両親が生むか生まないかを選択する際、女児よりも男児を好んだ結果、中国の人口構成は相対的に男女比で男性が過剰となった。このことは、当然、多くの中国人男性が結婚できないことを意味する。さらに、このことは、政府がこうした男性過剰人口が大規模なギャング集団を結成しないように、彼らを陸軍に兵士として組み込まねばならないであろうから、中国の社会的、政治的安定性を乱す潜在的な原因となるかもしれない。[21]

しかし、こうした可能性はあまり考えられない。というのは、中国が空海軍を重視して、必然的にハイテクの兵器とプラットフォーム（艦船、航空機、車両など兵器を搭載した移動手段）に対する大きな投資を伴う軍の近代化と専門化を次第に強調してきたことに鑑みると、中国がハイテク兵器で武装した米軍に対抗するため、もはや徴兵により集めた兵士からなる巨大な兵員数の陸軍の保有を追求していないからである。万一中国がこうした男性から成る社会階層集団で大規模なローテク（技術水準の低い）型の陸軍を建設したところで、アジア・太平洋地域が圧倒的に海洋型の地理的特性を有していることから、そうした陸軍は中国と国境を直に接する国々以外は、全く有意義な軍事的脅威を及ぼすことはないであろう。

したがって、長期的には、日米両国は恐らく何ら対抗手段を採らずとも中国と「老齢化による平和」を享受することができるであろう。津上氏も向こう一〇年余りをやり過ごせば、中国との平和が充分達成できると、確固とした根拠もなく、慎重ながらも楽観的な見通しを示している。[22] そこで、本章の以下の分析では、長期的な対中平和の見通しにも拘らず、中期的には中国の好戦性が顕著に高まる可能性がかなり存在する点を焦点に進める。

3　中期的見通し――体制維持のために上昇する好戦性

「人口オーナス」効果に直面するまでの向こう一〇年余り、中国は軍拡と軍事活動に要する財源を確保する相当な国家財政上の余地を持っているだろう(23)。そこで問題となるのが、中国がこの間様々な攻撃対象があるなかで、米国が自衛隊の強力な後方支援があるかないか定かでない状況で、台湾海峡を挟んで対米戦争を仕掛ける動機付けが存在するのか、もしくは自衛隊が米軍との合同作戦を行えるかどうか定かでない状況で、尖閣諸島を巡って対日戦争を仕掛ける動機付けが存在するのかである。

以下の分析は日中間で尖閣諸島を巡る小規模限定戦争がありえるのかその可能性に焦点を置いてみる(24)。というのは、当該戦域における米軍の優勢を考慮すると、中国が台湾海峡を挟んで戦争を仕掛けるには、中国の側に固い決意または大きな誤算がなければならず、勃発の可能性を完全には排除できないものの、ひとまずありそうにもないからである(25)。中国は少なくとも勝利できるかどうか大きな不確実性に直面するし、最悪の場合、惨めな敗北を覚悟しなければならない。戦争の行方は米軍に対する「接近阻止・領域拒否（A2AD：Anti-Access/Area Denial）」能力に焦点を当てた中国の軍備増強(26)だけではなく、台湾防衛に対する米国のコミットメントに左右される。しかも、そのコミットメントは米国経済の調子と米世論の動向に多分に左右される。

政策論の視点から、日本が尖閣有事のみを考察することは、台湾（中華民国）と外交関係を有さず、また米国の台湾関係法に類する国内立法措置もとっていないことから妥当である。また、自衛隊は現行の防衛関連法制の下では合法的に集団的自衛権を行使すること、さらに具体的に言えば、日本の領域外で米軍との合同作戦において戦闘ミッション・役割を担うことを許されていない。確かに、二〇一四年七月、安倍政権は平和主義的な日本国憲法第九条に関する従来の解釈を僅かに緩和し、日本の安全保障を直接脅かす有事には集団的自衛権の限定的行使を認めることとした。しかし、現時点では、集団的自衛権の行使を禁じる現行法制は改正させておらず、当然、武力の行使が認められる場合の具体的規定もそのままである[27]。また、日本政府は日米物品役務相互提供協定（ＡＣＳＡ）改定協定や関連国内法に沿って、政策上の選択肢として米軍に対して兵站・後方支援を行いうるが、戦略的に望ましいとは分かっていても、現行の国際法や国内法の制約のため、自衛隊が米軍と合同で台湾を防衛することはできない。

そこで、権力移行理論（power transition theory）と民主化移行理論（democratic transition theory）に注目することが重要である。前者によれば、急速に台頭する大国が国際的なパワーの移行期において支配的な大国に挑戦する傾向があるとされる。他方、後者によれば、民主化の過程にある権威主義体制下の国家は国内の昂揚したナショナリズムを操作することで現状変更的な対外政策を採り、それによって権威主義体制に対する大衆の不満の高まりを対外政策へ逸らすようにしがちであるとされる[28]。これら二理論の説明力はある程度実証されており、共産党体制下の台頭する中国にも上手く適用できると思われる。過去二〇年余、中国が著しい経済的、軍事的台頭を遂げる一方、必然的に米国の相対的凋落をもたらした。また、この状況は、中国が凋落する覇権国・米国に挑戦する可能性が存在するパワー移行期をもたらした。これと並行して、中国の共産党体制は常に拡大する所得格差[29]と党・政府幹部に蔓延する腐敗に直面している[30]。その結果、今や現体制は人民の雪だるま式に膨らむ不満とその結果もたらされた非常に多数の暴動に直面している。現在の状況は、近年中国の公式に発表される治安対策費の額が国防費の額よりも若干多い事実によっても示されている[31]。したがって、現共産党体制が国内で人民のナショナリズム感情を操作しながら、尖閣列島に対する侵略戦争を仕掛け、それによって高まる現体制に対する人民の不満を逸らすという状況は十分考えられる。

それゆえ、津上氏の楽観主義的な見通しにも拘らず、中国はおそらく近未来的にはさらに好戦的になるであろう。というのは、現共産党体制はますます深まる膨大な政治的、経済的、社会的、そして自然環境的な苦境ゆえに、その生存を賭けてもがかざるをえないよう追い詰められており、そしてその結果、ますます雪だるま式に拡大する人民の不満を国内問題から国際問題に逸らすよう余儀なくされるからである。とりわけ、勝利可能な小規模限定戦争の対象として、現に存する敵国、若しくは想像上の敵国はもってこいの存在である（逆に、そうした戦争で敗北すれば、一連の大規模な反体制暴動を惹起することとなり、究極的には現体制は終焉することとなるだろう）。最悪の場合、中国は米国、日本、その他世界全体と高水準の相互依存を有しているにも係らず、完全に「人口オーナス」効果の虜になる前の土壇場で、軍事的、外交的攻勢に打って出る可能性がある[32]。

4　中国の外交的手段としての小規模戦争

防衛大学校の村井友秀教授（当時）によれば、中国は平時における軍事・外交的手段として小規模戦争を用いる。このことは実績に裏打ちされており、領土紛争に関してよく当てはまる。[33]村井氏はフランシス・ワトソンの分析に言及して、[34]「一度、中華文明の名の下に獲得した領土は、永久に中国のものでなければならず、失われた場合には機会を見つけて必ず回復しなければならない」「中国の領土が合法的に割譲されたとしても、それは中国の一時的弱さを認めただけである」と捉えている。[35]この中国の未回収領土回復主義に関する理解は中国の古代、近代、現代の地図に関してウィリアム・コラハンが行った詳細な研究とも一致する。[36]管見では、村井氏の分析はわが国の事情通の輿論、とりわけ東アジアの安全保障や中国問題を専門とし現実主義を採る国際関係論の専門家や実務家の主流によく受け入れられている。

さらに、村井氏は、中国共産党にとって戦争は「階級矛盾を解決する最高の闘争形態」であり、「正義の戦争」とは「人民の利益になり社会を進歩させるもので、階級闘争、民族解放闘争、主権国家が国家主権を守るために侵略に抵抗する戦争」であると捉える。こうした中国の戦争観によれば、第二次大戦後、世界大戦の遂行能力を持っていたのは米国とソ連だけだったが、現在、米国は以前より弱体化し、ソ連は崩壊しており、継承国のロシアももはや米国に対抗する力はないため、予見しうる将来、局地戦争のみが起こりうる。したがって、村井氏によれば、現共産党政権はほんの短期間、恐らく長くとも一週間以内で終わる局地戦争の限定的な範囲と目的を理解している。つまり、現体制は敵の潜在的な戦力が十分に発揮される前に、そして、国際的な干渉が行われる前に、積極的な作戦行動によって戦争目的を達成し、戦争を終結させなければならないと理解している(37)。要するに、戦争に関する今日の中国の見方は消耗戦ではなく、軍事ハイテク技術の条件の下での集中的な先制攻撃である。

村井氏が指摘するように、現共産党体制は一九四九年に中華人民共和国を樹立した直後、朝鮮戦争に軍事介入し、さらに台湾を攻撃し、チベットを軍事占領した。さらに一九六〇年代には、領土紛争を巡ってソ連やインドとの軍事衝突を始めた。一九七〇年代には、南ベトナムの実効支配下にあった西沙諸島の西半分を実力で奪取・占領し、その後、カンボジアを支援した中国は、ベトナムがカンボジアに侵攻すると、懲罰と称して統一後のベトナムに侵攻した。一九八〇年代には、南シナ海でベトナム海軍の輸送艦を撃沈し、一九九〇年代にはフィリピンが実効支配していた島を奪った。こうした行動パターンの変容は一九七〇年代以降中国共産党政権がますます小規模戦争を仕掛けることに躊躇《ちゅうちょ》しなくなっていることを示している(38)。

したがって、村井氏はかつてフィリピンの実効支配下にあったミスチーフ礁が中国に乗っ取られた事例に言及し、拡大核抑止を含め、大規模戦争に対する一般抑止（general deterrence）は中国が小規模な局地戦争を仕掛けるのを防ぐにはほとんど効果がないと捉えて、中国に対して特定抑止（specific deterrence or immediate deterrence）を及ぼす必要性を重視している。中国は、フィリピンが米国と基地貸与協定を結んでいるかぎり、フィリピンの実効支配には挑戦しなかった。つまり、中国は、ミスチーフ礁を守るとの固い米国のコミットメントがあると判断するかぎり、軍事バランスが自国に不利だと十分認識していたのであって、むしろこの領土紛争を棚上げするために一九七四年と一九八八年にフィリピンとの首脳レベルの外交交渉を選んだ。ところが、米国が一九九二年一一月に在フィリピン米軍基地を閉鎖し撤退してしまうと、フィリピン海軍は主要水上艦として僅かに第二次世界大戦級の駆逐艦一隻だけとなってしまい、一九九五年には中国は同礁を乗っ取ってしまった。それ以来、中国は既成事実として軍事力を背景に同礁の占拠を続けている。(39)

今や中国の海洋法執行機関の公船が時折尖閣諸島周辺のわが国領海付近の海域に遊弋《ゆうよく》する中国人解放軍海軍の艦船と連携して、国連海洋法条約に定める無害通航の要件を順守することなく尖閣諸島周辺の領海に断続的に侵入しているため、日本は考えうる中国との小規模戦争の可能性に対して警戒せざるを得なくなっている。こうした状況は本章で言及した中国の中期的好戦性の観点からは極めて深刻である。したがって、認識すべき重大な点は、わが国が冷戦時代から長年専守防衛政策を続けた結果、万一中国が尖閣諸島を奪取した場合でも、独力で奪還するために必須の限定的な強襲上陸戦力を保有しておらず、依然として構築中であることにある。この戦力の構築が完了するまでは、米国との同盟だけが、中国の冒険主義に対する信頼できる特定抑止を及ぼすことができる。はたして、この目的のため、日米同盟はうまく機能するであろうか（既に述べたように、二〇一四年夏、安倍政権は集団的自衛権の限定的行使を認めるよう従来の憲法第九条に関する解釈を緩和し、二〇一五年九月、その解釈に基づいて安全保障関連法制が整った。

5　日米相互安全保障条約の陥穽《かんせい》

米国は日米安全保障条約に則り日本の防衛に対して堅固な言質を与えているように見える。確かに、安保条約上の義務は日米間で非対象的である。日本が攻撃された場合、米国は日本を防衛する義務を負う一方、日本はその領土・領海・領空外で米軍を守る義務がなく、米国に対して領土内に基地と施設を与えることのみが求められている。このことは第二次世界大戦後、米国が日本を占領した折に押し付けた現行の所謂「平和憲法」による制約と矛盾がない。つまり、日本は原則として米軍との合同攻撃作戦の役割や任務を担い、米国と集団的自衛権を行使してはならない。ただし、日本の領域内にある米軍が攻撃された場合は日本に対する攻撃があったと判断されるから、自衛隊は個別的自衛権に訴えて米軍と共に戦うことができる（ただし、二〇一五年に成立した安保法制の下で、非常に限定的な集団的自衛権の行使は可能となった）。

しかし、日米安保条約と北大西洋条約機構（ＮＡＴＯ）条約とを比較対照してみると、前者には深刻な落とし穴があることが明らかになる。安保条約第五条は次のように規定している。

各締約国は、日本国の施政下にある領域における、いずれか一方に対する武力攻撃が、自国の平和及び安全を危くするものであることを認め、自国の憲法上の規定及び手続に従って共通の危険に対処するように行動することを宣言する。

他方、NATO条約第五条は次にように規定している。

全締約国は欧州又は北米における一つ乃至は複数の締約国に対する武力攻撃を全締約国に対する攻撃だと見做すことに同意する。それ故、全締約国は、そのような攻撃がなされた場合には、北大西洋地域の安全保障を回復し又は維持するために、各締約国は国連憲章第五一条による個別的及び集団的自衛権を行使して、個別又はその他の全ての締約国と協調して、武力行使を含めて必要と思われる行動を採ることによって、攻撃を被った単一又は複数の締約国を援助することに合意する。

上記二つの規定には顕著な相違が存在する。米国は「自国の憲法上の規定及び手続に従って」、日本防衛の条約上の義務を果たすのに対して、NATO条約にはそのような条件が付されていない。確かに、この文言は「平和憲法」により厳しく拘束されている日本にも同様に適用される。つまり、明らかに自衛隊部隊は米軍部隊が日本の領海及び領空の外にいる限り、仮に日本の周辺地域において米軍部隊がいても、守ることができない。とはいえ、好戦的な中国による安全保障上の挑戦が現実味を帯びてくれば、米国の日本防衛に対する言質の確実性は少なくとも日本の観点から重要であり、恐らく地域の戦略的安定にとっても重要である。

上記二条約の相違が実際意味するところは、尖閣有事の際には、米大統領は日本を防衛するために軍事介入を実行するに先立って、まず合衆国憲法の規定や手続きの要件を満たさねばならないということである。この点は、ＮＡＴＯ加盟国に対する攻撃が行われた場合、ＮＡＴＯが攻撃に関する集団的な事実確認に相当な時間を要する可能性があるとはいえ、米国は一旦その事実が確認されれば、自動的にその加盟国を防衛する義務を負うことと好対照をなしている。したがって、例えば、二〇一〇年九月二三日、ニューヨークで開かれた日米外相会談において、ヒラリー・クリントン国務長官（当時）が前原誠司外務大臣（当時）に対して「日米安保条約第五条は尖閣諸島にも適用される」と公式に語った点に隠された真実が垣間見てとれる。[40] つまり、同国務長官は、米国は尖閣諸島を防衛するとの言質を守る義務があるとは述べず、単にこの問題に対する従来の米国の立場を重ねて言及したにすぎなかった。

さらに具体的に言えば、合衆国憲法は米議会に宣戦布告を発する権限を与え、大統領に国軍の最高司令官の権限を与えている。このことが意味するのは、戦争を行うには、大統領は当該年度の予算の枠内で短期間に限り米軍を軍事介入のため投入できるとはいえ、基本的にはまず議会の同意を確保しなければならないということである。実際、戦争権限法（一九七三年制定）は大統領の裁量を最長で六〇日間までと制限している。歴代大統領は、この議会決議が最高司令官としての大統領の憲法上の権限に抵触するという意味において法的に拘束力があるとは見做してこなかったが、実質的にはこの議会決議を尊重してきた。例えば、Ｇ・Ｗ・ブッシュ大統領は、攻撃に先立ち、タリバン政権下のアフガニスタンとサダム・フセイン政権下のイラクに対する攻撃を支持する議会決議を得たし、二〇一三年には、オバマ大統領はシリア攻撃に対する同様の議会決議を要請するつもりであると公に表明した。恐らく、将来の大統領も中国の攻撃に晒された尖閣諸島を防衛するためには議会の同意を求めることとなるであろう。そうした同意なくして、日本を防衛するとの米国の言質が守られることは決してないであろう。

米国政府が、尖閣諸島問題を含め、領土紛争に係る主権問題に巡って如何なる紛争当事国の立場も擁護・支持しないということはよく知られている。日米安保条約第五条が尖閣諸島に適用されるのは、同諸島が日本の実効支配の下に置かれているからにすぎない。その言外の意味とは、万一日本が実効支配を失えば、安保条約第五条の適用はないということである。実際、G・W・ブッシュ政権で国務副長官（二〇〇一年～二〇〇五年）であったリチャード・アーミテージ氏は『中央公論』（二〇一一年二月号）の論文で、仮に日本が独自に尖閣諸島を防衛せず、実効支配を失えば、米国は同諸島を防衛することはできないであろうと述べた[41]。したがって、南シナ海の領土紛争の文脈で二〇一一年一月二二日にクリントン国務長官（当時）が公式記者会見での発言に典型的に示したように、米国政府が同盟国の実効支配の下における島嶼防衛ではなく、航行の自由の重要性を強調したことは、日本の視点からすれば、不本意な話である[42]。事実、外務省情報局長、駐イラン大使や駐ウズベキスタン大使を務めた孫崎享氏の最近の議論にあるように、産官学の日本の外交・安全保障政策の識者層の中でさえ猜疑心《さいぎしん》が高まっている[43]。曖昧なまま放置しておけば、尖閣諸島を守るとの米国の言質に対する日本側の信頼は浸食され、日米同盟そのものを害することとなるであろう。

その点、米上院が二〇一三年会計年度（二〇一二年一〇月～二〇一三年九月）国防権限法（Sec.1251）に付した修正条項[44]（そして、二〇一四年度の同法にも同様の修正条項が付された[45]）は一見米国の尖閣諸島防衛への言質に関する曖昧さを相当減じ、中国に対して一層強い抑止効果を及ぼしたかが如き感を呈した。しかし、詳しく観れば、当該修正条項は単に、日米安保条約第五条に再度触れる一方、従来の米国政府の立場に再び言及したにすぎない。具体的には、同法は「米国は尖閣諸島の主権の最終的帰属先については中立の立場をとる」一方、日本の同諸島に対する施政権を承認すると述べ、「第三国の一方的行動が日本の同諸島に対する施政権についての米国政府の承認に影響を与えない」としている。明らかに、同法は同諸島に対する日本の実効支配が継続していることを前提としている。

このような日米同盟関係の政治的・法的側面における僅かばかりの改善にも関わらず、米軍と自衛隊は、暗に尖閣有事を念頭にした孤島の防衛・奪還に焦点を合わせる形で、高い水準の作戦運用面での準備態勢を有している様を相当誇示してきた。

二〇一二年夏には、陸上自衛隊と米海兵隊の部隊が初めて米領のグアム島とテニアン島で一カ月間に及ぶ合同強襲上陸演習を執り行った(46)。さらに、二〇一三年夏には、自衛隊の統合作戦部隊が米主導の海軍演習に参加し、その一部として、尖閣有事を念頭にサンディエゴ沖での強襲上陸演習を行った。これは初めて米本土で行われたその種の完全な演習であり、中国は取りやめるよう強く要請した(47)。

次に、ここまで分析した陥穽《かんせい》がもたらす負の効果を如何に制御するかについて政策提言を提示する。

6　政策提言

ここまで、本章は中国の「人口オーナス」効果とその日本の安全保障に対する含意を探究してきた。

その際、最も蓋然性が高い尖閣諸島有事に分析の焦点を合わせた。本章の分析は、日本と米国は何ら積極的に行動しなくとも、長期的には（二〇二五年～二〇三〇年以降）、中国と「老齢化による平和」に至るであろうが、それまでの間、中期的には、中国は現体制の生存を賭けて好戦性を呈すると予想されることを明らかにした。さらに具体的に言えば、中国は雪だるま式に大きくなる人民の不満を逸らすために小規模戦争を軍事外交的な手段として用い、それによって人民の根拠なき自信過剰と陶酔感を満たすと予想される。

このような好戦性に対処するための焦点として、本章は日米安保条約の下における尖閣諸島防衛に対する米国の言質の確実性を検討した。その結果、米国は自動的に軍事介入するのではなく、議会の同意に左右されることを見出した。これはＮＡＴＯ条約には求められていない要件である。この曖昧さが放置されれば、尖閣防衛に対する米国の言質に関する日本側の信頼は浸食され、日米同盟を害するであろう。

確かに、米上院は最近二〇一三年度国防権限法を修正することによって中国と直接対峙する日本に精神的な支持を与え、自衛隊と米軍は中国に対してより強い抑止効果を及ぼすために双方の強襲上陸戦力の高い作戦運用面での準備体制を誇示した。しかしながら、こうした措置は一般には東シナ海における中国の過剰に挑発的な準軍事的・軍事的活動、具体的には尖閣諸島やその周辺地域におけるそうした活動を阻止するには不十分なように思われる。

本章で分析を踏まえて、日米同盟の下で日本の安全保障上に国益を守るために、以下に具体的な政策提言をして示しておく。

まず、米国防権限法は、今後少なくとも一〇年間から一五年間、毎年、日米安保条約に則って尖閣諸島を含め日本の防衛に対する米国の言質に言及する条項を含めるべきである。万一中国がより強い好戦性を呈した場合は、日米安保条約第五条が尖閣諸島にも適用されるという現在の表現よりもより明瞭な表現を用いなければならない。中国に対してより効果的な特定抑止効果を高めるには、米国は日米安保条約に則して尖閣諸島を防衛すると述べた方がよい。

次に、自衛隊と米軍は少なくとも今後一〇年間から一五年間、頻度と規模の点でより高水準の合同演習を行うことによって、作戦運用面、特に強襲上陸戦力での準備態勢を強化しなければならない。万一中国がより敵対的で好戦的になれば、そのような合同演習は作戦運用面での準備態勢を誇示し、より高い抑止効果を及ぼすために沖縄に近接した地域で執り行わなければならない。

二〇一三年一一月、中国が突然に国際法に反して東シナ海において管轄権を主張する防空識別圏（ADIZ: Air Defense identification Zone）を設定し[48]、東シナ海における対日小規模・急襲戦争のための訓練を行ったことが確認されたために[49]、以上の政策提言は今やますます妥当なものとなっている。

〔註〕

（1）国家情報会議は中央情報局（CIA）、国家安全保障局（NSA）、国防情報局（DIA）、国家偵察局（NRO）、連邦捜査局（FBI）など、六省一五機関から成る情報共同体（Intelligence Community）からの情報に基づき、米大統領や閣僚に対して『国家情報評価（National Intelligence Estimates）』と呼ばれる世界情勢に関する短期的な予測・分析や四年毎に向こう一五年〜二〇年間の世界情勢を中長期分析・予測を提出する諮問機関である。したがって、この出版物は米国政府による公式の中長期分析・予測といえる。米国国家情報会議、谷町真珠（訳）『二〇三〇年　世界はこう変わる』講談社、二〇一三年。

U.S. National Intelligence Council, *Global World in 2030: Alternative Worlds*, December 2012, p. iii (NIC2012-001), http://publicintelligence.net/global-trends-2030/, accessed on September 9, 2012.

（2）Masahiro Matsumura, "The Japanese State Identity as a Grand Strategic Imperative," Brookings institution Center for East Asian Policy Studies, Working Paper, May 2008, http://www.brookings.edu/research/papers/2008/05/japan-matsumura, accessed on October 1, 2014.

（3）神谷万丈「東アジア秩序の動向――リアリズムの立場から」『国際問題』No.６２３、二〇一三年七・八月号。

（4）"China GDP Annual Growth Rate 1989-2014," http://www.tradingeconomics.com/china/gdp-growth-annual, accessed on November 26, 2014.

（5）Martin C. Libicki, Howard J. Shatz, and Julie E. Taylor, ***Global Demographic Change and Its Implications for Military Power*** (RAND: Santa Monica, 2011), pp. 89-99.

（6）津上俊哉『中国台頭の終焉』日本経済新聞出版社、二〇一三年。

（7）小峰隆夫『人口負荷社会』日本経済新聞出版社、二〇一〇年。藻谷浩介、河野龍太郎、小野善康、萱野稔人（編集）『金融緩和の罠』集英社、二〇一三年。

（8）日本はより効率的な資本集約型・知識集約型の産業部門を有する先進国型経済に移行することに成功し、生産性を顕著に高めた。しかし、その日本でさえ中国の人口オーナス効果と比して遥かに小さいとはいえ、依然その大きな人口オーナス効果を相殺することに苦労している（小峰、第6章・第9章を参照）。仮に日本がダイナミックな地域経済大国として復活するとしても、それは国民総生産の二倍の額にまでなった公的債務を大きく削減できるかどうかにかかっている。こうした文脈では、所謂「アベノミックス」が、日本が保有する世界最大の国有金融資産の価値の大幅な上昇を必然的に伴う官製資産バブルを作りだし、それに乗じて債務を整理することによって債務削減を達成することができるどうかを見極めることが極めて重要である。したがって、「アベノミックス」の本質は一般的に理解されているのとは異なり、成長戦略ではない。See, Masahiro Matsumura, "Resurgirá Japón?" ***Anuario internacional CIDOB 2013.*** 英語版は、"Will Japan Rise Again?" http://www.cidob.org/en/publications/articulos/anuario_internacional_cidob/2013/will_japan_rise_again, pp. 4-6, accessed on November 28, 2014.

(9) For example, Jianfa Shen, "China's Future Population and Development Challenges", ***The Geographical Journal,*** Vol. 164, No. 1, March 1998; Robert Stowe England, ***Aging China: The Demographic Challenge to China's Economic Prospects,*** Westport: Praeger Publishers, 2005; Wang Feng, "China's Population Destiny: The Looming Crisis", ***Current History,*** September 2010; and Glenn A. Goddard, "Chinese Algebra: Understanding the Coming Changes of the Modern Chinese State", ***Parameters,*** Summer 2012.

(10) 統計分析を可能とするため、労働人口の大きさは便宜上、通常当該国の一五歳から六〇歳までの労働人口と見做している。

(11) 小宮は、「人口ボーナス」は当該国の合計特殊出生率（一人の女性がその一生で出産する子供の数）が二・一人に達したときに始まり、六五歳以上の人口が総人口の一四%に達した時点で終わると定義している。小峰、前掲、一七九頁及び一七九頁。

(12) 同右。

(13) 津島、前掲、二一一頁〜二一三頁。

(14) 同右、二五頁〜二六頁。

(15) 同右、六九頁〜七〇頁。

(16) この見方は以下のロバート・イングランド氏の理解と非常に似ている。「中央政府による経済政策、金融政策、社会政策での失敗を犯すことを阻めば、中国は二〇二〇年までには潜在的にはほどほどの先進国へ移行するリソースを保有している。急速な老齢化は二〇一〇年に始まったが、中国経済に対する著しい妨げにはなりそうになく、また多分中国を相当な中産階級を有した世界的な経済大国となることを阻むことはないだろう。しかし、二〇二〇年以降、中国は他の先進諸国と同じ生活水準を獲得する——現在の中国の指導者たちは二〇五〇年までに実現すると楽観視しているが——との目標を達成するにはさらなる困難に直面するであろう。England, *op.cit*, pp. 117-118.

（17）***Ibid***, pp. 258-260.

（18）For example, see, Mark L. Haas, "A Geriatric Peace? The Future of the U.S. Power in a World of Aging Population, *International Security*, Vol. 32, No. 1, summer 2007; and, Matt Isler, "Graying Panda, Shrinking Dragon", *Joint Force Quarterly*, Vol. 55, 4th quarter 2009.

（19）Libicki, ***op.cit***, p. 84.

（20）Matt Isler, "Graying Panda, Shrinking Dragon", *Joint Force Quarterly*, Vol. 55, No. 4, quarter 2009.

（21）Libicki, ***op.cit.*** p. 84.

（22）津上、前掲、二五八頁。

（23）津上氏は、中国の軍事費がその国内総生産に対して常に一・五%未満に抑えられてきた一方、その軍拡が経済成長によって可能となったことを強調する。津上、前掲、二五六頁～二五七頁。

（24）防衛政策の上で「限定戦争」と「小規模戦争」は概念的に区別されている。前者は戦争目的、用いられる武器・手段、期間の限定性によって定義される一方、後者は戦争の規模によって定義される。『（一九七八年度版）防衛白書』http://www.clearing.mod.go.jp/hakusho_data/1978/w1978_02.html, 2-3-(1).

（25）例えば、Richard Bush and Michael O'Hanlon, *A War Like No Other: The Truth About China's*

Challenge to America, New Jersey: Wiley & Sons, 2007.

（26）「接近阻止」とは空軍力など主として当該戦域内にある地上基地を基盤とする戦力を攻撃対象として、軍事作戦に対する米軍の介入を阻止することであり、「領域拒否」とは当該戦域において主として空海軍力を基盤とする米軍の自由な作戦の展開を阻害することである。詳しくは本章第3章を参照。

（27）安倍政権は新たな日米（防衛協力）ガイドラインを策定するために必須であるため、集団自衛権行使を限定的に認める解釈改憲を行った。また、憲法改正を国家の課題として俎上に載せている。しかし、万一憲法改正がなされたとしても、自衛隊と米軍による合同攻撃作戦、とりわけ台湾有事でのそれは、極めて困難であろう。安倍内閣総理大臣記者会見、http://www.kantei.go.jp/jp/96_abe/statement/2014/0701kaiken.html, 二〇一四年一一月二八日アクセス。

（28）権力移行理論に関しては、A. F. K. Organski and Jacek Kulger, *The War Ledger,* University of Chicago, 1980, を参照せよ。民主化移行理論に関しては、Edward D. Mansfield and Jack Snyder, "Democratic Transitions, Institutional Strength, and War," *International Organization,* Vol. 56, No. 2, Spring 2002, を参照せよ。

（29）二〇一二年現在、中国のＧＩＮＩ係数は四七・四であり、これは国内社会秩序の安定性を維持するのが非常に困難であることを示している。CIA, *The World Factbook,* https://www.cia.gov/library/publications/the-world-factbook/geos/ch.html, accessed on September 13, 2013.

（30）比較的腐敗していないと見做されてきた温家宝前国務院総理のケースは現共産党体制の構造腐敗の深刻さを示唆している。例えば、次の記事を参照せよ。David Barvoza, "Billions in Hidden Riches for Family of Chinese Leader", *New York Times,* October 25, 2012, http://www.nytimes.com/2012/10/26/business/global/family-of-wen-jiabao-holds-a-hidden-fortune-in-china.html?pagewanted=all&_r=0,

accessed on September 13, 2013.

（31）公式の中国の国防費には調達取得費や軍事技術研究開発費をはじめ多くの項目が含まれていない。従って、現実の中国の国防費は相当大きいものと考えられている。中国の国内治安対策費とその背景に関する詳細な分析に関しては、例えば次の記事を参考にせよ。

Ben Blanchard and John Ruwitch, "China hikes defense budget, to spend more on internal security", *Reuters*, March 5, 2013, http://www.reuters.com/assets/print?aid=USBRE92403620130305, accessed on September 13, 2013;「外患より内憂を恐れる中国――軍事費一一兆円、治安対策費はそれ以上に」『Kibricks Now』二〇一三年三月六日、http://kinbricksnow.com/archives/51846182.html, 二〇一三年九月一三日アクセス。「治安維持費が軍事費を上回る中国社会――海外メディアの報道にも反駁も、その実態は」『日経BP』二〇一三年三月一二日、http://business.nikkeibp.co.jp/article/world/20120314/229787/?rt=nocnt, 二〇一三年九月一三日アクセス。

（32）例えば、かつて存在したソ連邦はそのような努力を行った。次の論文を参照せよ。Gerhard Wetting, "(Origins of the Second Cold War) The last Soviet offensive in the Cold War: emergence and development of the campaign against NATO euromissiles, 1973-1983", *Cold War History*, Vol. 9, No.1, February 2009.

（33）村井友秀「中国の非合理的行動に備えよ」『産経新聞』二〇一三年一月二二日。

（34）Francis Watson, *The Frontiers of China*, London: Chatto and Windus, 1966.

（35）村井「中国の非合理的行動に備えよ」、前掲。

（36）William A. Callahan, "The Cartography of National Humiliation and the Emergence of China's Geobody", *Public Culture*, Vol. 21, No.1, winter 2009.

(37) 村井友秀「海の向こうからやって来る戦争」『産経新聞』二〇一三年五月一三日。また、本書第3章七六頁〜七八頁を参照。

(38) 村井「中国の非合理的行動に備えよ」、前掲。

(39) 同右。「一般抑止」と「特定抑止」の区別については次の拙論を参照せよ。本書第3章九二頁〜九三頁を参照。

(40) http://www.mofa.go.jp/mofaj/area/usa/visit/1009_gk.html, 二〇一三年九月一三日アクセス。

(41) リチャード・アーミテージ、ジョセフ・ナイ「共に中国と戦う準備はある」『文藝春秋』二〇一一年二月号。

(42) http://www.mofa.go.jp/mofaj/area/usa/visit/1009_gk.html, 二〇一三年九月一三日アクセス。

(43) 孫崎享「『日米安保条約を適用』公式見解、『米軍には法的に守る義務なし』が現実だ」『*Sapio*』二〇一二年一二月二〇日号。http://news.nifty.com/cs/magazine/detail/sapio-20121220-01/2.htm, 二〇一三年九月一三日アクセス。

(44) 2013 National Defense Authorization Act Section 1251, https://www.govtrack.us/congress/bills/112/s3254/text, accessed on August 14, 2014.

(45) 2014 National Defense Authorization Act Section 1238, https://beta.congress.gov/bill/113th-congress/house-bill/4435/text, accessed on August 14, 2014.

(46) 防衛省「島嶼防衛について　Q&A」http://www.mod.go.jp/j/approach/others/shiritai/islands/, 二〇一三年九月一三日アクセス。

(47) 「日米離島奪還訓練、中国の中止要請を正面突破――三自衛隊、尖閣念頭」『*Zakzak*』二〇一三年六月一一日、http://www.zakzak.co.jp/society/politics/news/20130611/plt1306111144002-n1.htm, 二〇一三年九

月一三日アクセス。

(48) "Tokyo's complaints over ADIZ hypocritical", *Global Times*, November 25, 2013. Masahiro Matsumura, "China waging psychological warfare in the East China Sea," *Japan Times*, March 13, 2014.

(49) Geoff Dyer, "China training for 'short, sharp war', says senior US naval officer", *Financial Times*, February 20, 2014.

第2章
米国の相対的凋落と日米同盟の強化

　二〇〇七年七月末の参院戦で第一次安倍政権が惨敗してから、二〇一三年七月に第二次安倍政権が参院選で大勝するまでの六年間、日本の国内政治は動揺し続けた。鳩山政権の九カ月弱を除き、自民党も民主党も各々参議院で過半数を持たず、予算関連法案を含め法案成立がままならない状態が続いた。さらに、深刻な景気停滞による税収激減、急速な少子高齢化による年金制度の危機、消費税増税、環太平洋パートナーシップ（ＴＰＰ）参加等を巡って政権党の民主党内での路線対立が激化した結果、党内の派閥抗争が昂じて断続的に政局となった。

　こうしたなか、冷静に観れば、自民党長期政権末期の安倍、福田、麻生三政権ではテロ特措法延長問題、民主党三政権では普天間移設問題と、政権の命運を左右してきたのは米国との同盟関係であり続けた。とりわけ、衆参両院で過半数を握っていた鳩山政権が事実上、普天間問題の取り扱いに失敗し瓦解したのは、わが国における政権維持にとっていかに安全保障問題、とりわけ対米同盟関係が決定的に重要であるかを物語っている。

　第二次安倍政権は当初、小康状態にあった日米同盟関係の強化を推し進めつつあったが、二〇一五年春の段階では依然、普天間問題は進展しておらず、日米同盟が急速に軍事的に台頭する中国に対して十分抑止力を及ぼしているか、容易には懸念が払拭できなかった。

こうした状況に対して、従来、世論は民主党政権の不甲斐《ふがい》なさを詰《なじ》って溜飲《りゅういん》を下げ、やや情緒的に日本の政界の頑張りを求めてきた感が強い。これはこれで的外れではないとしても、二〇〇七年七月から二〇一三年七月までの六年間、わが国の政治、とりわけ対米同盟の管理が堂々巡りであったことをうまく説明できない。本章では、その根本的な原因を押さえた上で、日米同盟の現状を評価し、近未来の展望を描いてみたい。

1　なぜ日本政治は動揺するのか

わが国は漂流した六年間、安定した政権がなかった結果、様々な重要政策で国家の意思を迅速かつ明確に表すことができなかった。この間、米国が依然として覇権を握っていたものの、経済的に深刻な凋落に直面する一方、中国は急速に台頭するにしたがって軍事的、外交的に挑発的な行為を繰り返すようになった。わが国は両国の地政学的な磁場の中で主体性なく漂ってきたといっても過言ではない。とはいえ、中国が依然あからさまに米国覇権に挑戦する能力と意志を持たず、日本が安全保障で米国との同盟に依存している以上、日本の国内・対外政策全般に亘って決定的な影響を与えるのは米国であって、中国ではない。

しかし、この構造ゆえに、日本は対米従属願望と対米自立衝動の間で右往左往することになる。米国覇権が盤石なら米国に徹頭徹尾従属すればよいし、逆に米国覇権の終焉が確実なら米国から自立すればよい。ところが現実には、ダウ平均株価の乱高下に見られたように、米国の経済覇権の展望は極めて不透明であり、対米アプローチの選択は容易ではない。

米国は巨大債務を抱え、実質的に既に国家財政は破綻しているのではないかと懸念されるほど、極めて深刻な構造的危機に直面している。米連邦政府が公表する各種統計に基づく楽観的な概算によれば、二〇一〇年度現在、米連邦政府の負債総額は、連邦政府債務が九・四兆ドル、軍人退職手当が三・六兆ドル、連邦職員退職手当が二兆ドル、その他が〇・四兆ドル、年金が二一・四兆ドル、高齢者医療保険が二四・八兆ドルで、合計で六一・六兆ドル（一米ドル＝一〇〇円強として、約六二〇〇兆円）とされる。[1] 確かに、連邦債務はわが国の国債残高よりも少ないものの、債務総額は米GDP（一五兆七〇〇〇億ドル弱）の四倍強である。日米の識者には、負債総額はGDPの数倍から一〇倍に達するとの概算もある。[2] 悲観的な概算に近い債務であればまず返済は不可能である。

他方、米ウォール・ストリート複合体（連邦準備制度、財務省、金融証券業界）[3] は巧みに金融財政政策や金融取引を操作し、これまでのところ米国経済のクラッシュの先送りに成功している。しかし、いくら株価を操作しても実体経済は依然として好転せず、失業率は高止まり、[4] 所得格差は拡大している。[5]

したがって、中長期的には、米国経済の破綻は不可避であるが、現時点での現象としては、米国経済は破綻しそうで破綻しないように見える。実際、基軸通貨ドルを持ち、世界最大の債権市場、株式市場、商品市場も有する米国には依然操作の余地は大きい。このため、日本の基本方針は対米自立か対米従属かいずれを選択すべきか容易には定まらないのである。振り返ってみれば、鳩山政権が対米自立衝動に突き動かされて曖昧模糊とした東アジア共同体構想を掲げ、普天間移設計画を台無しにした挙句、政権が崩壊すると、後継の菅政権、さらに野田政権は普天間問題を解決する見通しもないまま対米従属の姿勢を取り続けた。

来たるべき米国経済の破綻は米国のグローバル覇権の終焉を意味する。これまで米軍は世界を六つの地域に分け、北米、南米、アフリカ、中東（中央アジアを含む）、欧州（ロシアを含む）、太平洋（東アジア及び南アジアを含む）を担当する統合軍を置き、グローバルに展開してきた。これは、陸上自衛隊中央即応集団が東京に置かれている一方、米中央軍がペルシャ湾岸地域を含む中東・中央アジアを担当していることに如実に表れている。米国の経済破綻が顕在化した後には、米軍はグローバルな展開能力を維持できなくなる。ただし、米国は強大な人口、豊富な資源、ダイナミックな経済、世界一強力な軍隊を保有し、相対的には最強国の地位を保つことに疑いの余地はない。おそらく、西半球における地域覇権を維持し続けるだろう。

こうした不透明な状況に直面して、日本の政治指導者は短期的には米国覇権にしがみつかねばならず、中長期的には依存軽減・脱従属を実現せねばならない。これをいかに実現すべきかを論じる前に、日米同盟はいかに管理されているのかその実態を押さえておこう。

2　民主党政権下での日米間の意思疎通

米国覇権システムにおいて、「同盟国」はポリティカリィ・コレクトな（政治家が口にできる）婉曲語法である。覇権システムの下では、覇権国と「同盟国」は同等同格の国と国が相互に有事に援助しあうものではなく、「同盟国」はその安全を保障する上で覇権国に依存する（もしくは、依存させられる）存在である。両者には圧倒的な軍事力や経済力の差がある。とりわけ、日米同盟は形式的にも第三国による武力攻撃に対して相互に共同防衛を約したものではなく、米国が日本を防衛する一方、日本が国内に米軍基地を供与する関係である。日米安保条約は真の相互安全条約ではなく（つまり、日本は米国にとって真の意味で同盟国ではなく）、一種の「不動産賃貸契約」に過ぎない。日本は英国やフランスなど比べて従属度が極めて高い「同盟国」なのである。

しかも、戦後の日本は連合国に占領され、日本政府を利用した間接統治がなされたため、当時の日本政府は文字通り連合国の傀儡《かいらい》政権であった。これは現在の日本人にとって不都合な真実であるが、本質的にはかつての満洲国政府、米軍占領下のイラク政府、現在のアフガン政府と異なるところはない。こうした経緯に加えて、わが国が現在でも従属度の高い対米関係を継続しているため、事実上、一種の保護国（protectorate）であり続け、依然として日本政府が傀儡政権的な性格を帯びていないかと懸念されてきた。

果たせるかな、こうした懸念を裏書きする米国政府の公電が暴露された。その多くは表面的には政権交代後も日本の国益にとって重要な日米関係の安定性を維持しようとの意図があったと解せなくもないが、行間を読めば米国に対する叩頭の姿勢が滲《にじ》み出ている。顕在化した代表的な例では、鳩山政権発足の直後、斎木昭隆外務省アジア大洋州局長（当時）はキャンベル米国務次官補（当時）に対して、官僚主導は継続し、同政権の愚かな政治主導路線と対米強硬路線は失敗するとの分析を伝えていた（Wikileaks 09TOKYO02197）。[6] さらに、同政権発足の一カ月後、高見澤将林防衛政策局長（当時）はキャンベル次官補に対して、普天間問題を含む米軍再編案で鳩山政権案に安易に妥協しないよう求めていた（Wikileaks 09TOKYO02378）。[7] 本来、官僚は仕える民主党政権がどんなに経験不足で稚拙であっても、可能ならば擁護すべきであり、それができなければ無言で対応すべきところ、米国側にすり寄る形で積極的に独自の主張を行っていた。ウィキリークスによる暴露の後、当時、次期防衛事務次官の最右翼と目されていた高見澤氏が防衛研究所所長に左遷された一方、斎木氏は最重要ポストの一つである駐インド大使に転出した。後者が必ずしも左遷でないことを考えると、かつて米占領当局との折衝窓口であった外務省の傀儡振りは組織文化に刷り込まれていると言えるだろう。

公式チャンネルにおける対米従属志向と平仄《ひょうそく》を合わせる形で、日米間の非公式な意思疎通を担ってきたのが米国側のジャパン・ハンド（日本専門家）と日本側の対米従属志向の親米派である。長年ワシントンDCにおいて聞き取り調査をした本書筆者の知見、とりわけ関係者との直接間接のインタビューの経験に則して言えば、[8] こうした面々は、東京では大手全国紙主催の日米同盟に関するシンポジウムに、ワシントンDCでは主要シンクタンク主催による同様のシンポジウムに繰り返し出席している。米国側も中核はせいぜい十数名程度で、代表的な人物はアーミテージ元国務副長官であり、研究者ではM・グリーン元国家安全保障会議アジア部長であろう。ジャパン・ハンドは日米関係の処理を生業《なりわい》としており、政治任用により政権高官となり、政権が交代したり自ら辞任したりすれば、回転ドアによってコンサルティング会社、シンクタンク、大学へ転職していく。よく知られているように、彼らの人脈は一種の複合体もしくは派閥を構成している。(9) コンサルティング会社の場合は、調査論文の提出やアドバイス業務で日本では考えられないような高額の手数料・仲介料をとっているようである。

問題はジャパン・ハンドが日本の民主党政権時代、急速に米政府や米政界に対して影響力を失っていたにもかかわらず、日本側が依然としてジャパン・ハンドに依存して日米関係の懸案を処理しようとしたことにある。ワシントンDCで長年実地調査をしてきた筆者の経験を踏まえて言えば、日本側はかなりジャパン・ハンドにぼられてきたように思える。確かに、安全保障問題で懸案事項があるときに、ジャパン・ハンドが動いて（つまり、意思疎通や提言をしたことで）、事態が好転したように見えたことがしばしばあった（とはいえ、実際のところジャパン・ハンドが水面下でいかに米政府当局や米政界に働きかけたか、その確証は容易に入手できないから、推測の域は出ない）。しかし、普天間問題の挫折以降、ジャパン・ハンドは米政府当局や米政界からの信頼を大幅に失った。というのは、普天間問題に関するジャパン・ハンドの分析、見通し、提言は全く役立たず、普天間問題は一向に好転しなかったからである。二〇一一年五月、レビン米上院軍事委員会委員長（民主党）、同委員会委員であるウェッブ上院議員（民主党）、マケイン上院議員（共和党）三氏が米海兵隊の普天間基地の機能を米空軍の嘉手納基地へ移設するよう提言したのはこのことを如実に物語っている。(10) これは米政界がジャパン・ハンドに対して「もう君たちには頼まない」と捨て台詞《ぜりふ》を吐いのとかわらない。

にもかかわらず、二〇一一年九月七日、ワシントンDCにある有力シンクタンクの一つ、スティムソン・センターがウィラード・ホテルにおいて「3・11後の日米同盟」と題するシンポジウムを開催し、さらなる日米同盟強化の必要性を打ち出した[11]。この会議には、リンカーン・ブルームフィールド元国務次官補（アーミテージ氏の右腕）、M・グリーン氏、前原誠二民主党政調会長、塩崎泰久元官房長官などが出席した。この会議をどう特徴付けるかは議論が分かれるところであろうが、日本側が依然として詰まったパイプともいうべきジャパン・ハンズに懸命に頼っていたことが分かる。

3　米国のオフ・ショア戦略と「エアシー・バトル」構想

日米間の意思疎通が滞っていたなか、米国の安全保障の基本方針はコストが極めて高い前方展開戦略からかなりコスト節減ができるオフ・ショア戦略へ確実に転換しつつあった。冷戦時代から、米国は欧州と東アジアにおいて積極的に同盟国や友好国に海外基地を設け、駐留米軍を前方展開させてきた。米軍は基本的には第二次世界大戦での作戦ドクトリンを基礎に、巨大な階層組織と多数の重厚長大な装備を有していたため、移動・輸送や兵站による制約を考えると、迅速な対応にはどうしても前方展開が必要であった（＝前方展開戦略）。ところが、冷戦終結とともにソ連の差し迫った脅威がなくなり、また移動・輸送技術や情報通信技術が急速に発達したため、前方展開の必要性が低くなってきた。つまり、相当な部分を米本土に戻し、介入が必要な場合にのみ、暫時、当該地域に戦力を迅速に投入すればよいとの発想（＝オフ・ショア戦略）である。この発想に基づき、G・Wブッシュ政権のラムズフェルド国務長官（二〇〇一年二月〜二〇〇六年一二月）は、情報通信技術を駆使した遠距離からの精密誘導攻撃、プラットフォームや装備の軽薄短小化、高速移動・輸送をシステマティックに統合すること（＝資本集約型の「軍事における革命」〔RMA：Revolution in Military Affairs〕）で、グローバルな規模で米軍再編（military transformation）を推進し始めた。戦略の転換は、イラク・アフガン紛争での労働力集約型な対反乱作戦（counter-insurgency）の拡大とそれに伴う国防費の大幅増のために、一時足踏み状態となったが、現在の深刻な金融経済危機と国防費の大幅削減のために再び加速せざるをえなくなった。

オフ・ショア戦略に合わせて出されたのが「エアシー・バトル（Air-Sea Battle）」構想である。これは東シナ海、とりわけ南西諸島方面の南半分において、米中が武力衝突した場合、中国軍の弾道ミサイル、巡航ミサイル、航空機、艦船、潜水艦等に対抗するための作戦構想である。つまり、これは近年急速に増強されてきた中国軍の接近拒否（A2：Anti-Access, 戦闘区域に米軍を到達、侵入させない）能力と地域拒否（AD：Area Denial, 特定の緊要な区域における米軍の自由な活動を不可能にする）能力に対抗する米空軍・海軍の統合作戦構想である。端的に言えば、その目的は中国軍を東シナ海から西太平洋に進出させず、これら海域の中国による内海化を防ぎ、台湾防衛も可能にすることにある(12)。

「エアシー・バトル」構想は単に米国が日本防衛に対するコミットメントを強固にしたと喜べない。というのも、この構想は少なくとも発想の次元では、冷戦時代の欧州正面における対ソ連作戦構想である「エアランド・バトル（Air-Land Battle）」構想の焼き直しだからである。当時、ソ連軍は戦車を中核とする圧倒的な地上部隊を擁し、それが中欧に大挙して侵攻してきた場合、米軍は緒戦でこれに対抗することできなかった。そこで、当時の西ドイツから一旦フランスやベネルクス三国などの後方に退却した後、巻き返して最終的には押し返す構想である。具体的には、積極防衛を行う機動陸上部隊と敵の兵站・補給線を担う後方群を攻撃する航空部隊を密接に連携させる[13]。この発想をそのまま「エアシー・バトル」構想に当てはめれば、米軍は最終的には巻き返して戻ってくることを計画しながらも、緒戦では中国の大規模な弾道ミサイル、巡航ミサイル、海空軍戦力に対抗せず、一旦は南西諸島方面から退却する可能性を織り込んでいる。

こうした発想や構想は既に具体的な米軍再編計画に大きな影響を与えている。普天間基地の辺野古崎への移設は、海兵隊司令部とその要員八〇〇〇名をグアム島に移設することとパッケージになっていた[14]（二〇一二年二月八日、移設問題が迷走するなか、とりあえず四七〇〇名をグアムへ移動させるなど、両国政府は二〇〇六年の在日米軍再編計画の見直しで大枠合意した[15]）。沖縄は中国の準中距離核弾頭ミサイル（MRBM：Medium-Range Ballistic Missile）の射程内に位置するが、グアム島は射程外にある。また、二〇一一年一一月、オバマ大統領は豪州議会で、アフガニスタンとイラクからの米軍撤退を踏まえ、その後の安全保障政策でアジア太平洋地域を「最優先」に位置づけると宣言した[16]。明らかに、中国に対抗して、東アジアの地域秩序作りを主導する決意を表明したものである。これと前後して、同大統領はオーストリア北部のダーウィンにある豪軍基地に米海兵隊二〇〇〜二五〇名を配備し、将来的には二五〇〇名の部隊にする計画を発表した[17]。アジアの安全保障と日米同盟の専門家であるナイ元国防次官補は「（在沖縄の海兵隊の）一部は豪州に回り持ちで動かすこともありうる」と述べたが[18]、その背後にはグアム島に海兵隊司令部を移転させるのと同じ論理がある。ダーウィンは中国のミサイルの射程外にあり、中国に対抗して南シナ海に海兵隊戦力を投射するには便利な立地なのである。

4　厳しい選択に直面する日本

「エアシー・バトル」構想では、日本（自衛隊）の役割は極めて重要となり、さらなる軍事的負担を課されることとなる。実際、二〇一二年一月五日、オバマ大統領とパネッタ国防長官は国防総省で記者会見し、地上戦力の縮小によって、従来の二正面作戦（中東と北東アジア）から中国の脅威を焦点にアジア重視の戦力展開能力を構築すると発表するなかで、日本を含めた同盟国に一層の軍事的役割を果たすように求めた(19)。したがって、自衛隊は中国の海空軍が東シナ海から西太平洋へ侵攻するのを阻止するため、作戦面では周到に部隊や艦船の配備・展開をする一方、基地を抗堪化して継戦能力を維持せねばならない。このように、単独もしくは米軍と共同しての制空権と制海権の確保が自衛隊の役割となる。

問題は日米の合同作戦がいつ、どのように実施されるかである。確かに、米国にとって日本本土の戦略的価値はその地政学的立地や総合的経済力（産業、金融、技術）の点から非常に高く、またその日本を他の強国の影響下に置くことは国益に反することから、日本はリスクを冒しても防衛するに値する。こうした安全保障における定石を受け入れたとしても、尖閣諸島など島嶼部の防衛は米国にとって必ずしも核心的な国益とはいえない。周知のように、米国政府は公式に尖閣諸島を含む島嶼部に対して、日米安保条約第五条を適用して防衛義務を遂行する旨明らかにしているが、常識的に考えて、自衛隊が応戦していない状況で、まず米軍が参戦し、まず自国兵士の血を流すとは思えない。また、そのようなことをすれば、日本を事実上の保護国として扱ったのも同然であり、ありえそうもない。

とすれば、焦点は米軍がどの段階で介入するかにある。中国軍の侵攻は衛星や通信傍受が発達した今日、まず青天の霹靂《へきれき》で起こることはない。事前にどの規模の侵攻や武力行使であるか、ある程度予測はつくだろう。国際関係の緊張は公然・公開情報でかなり分かる。また、部隊の移動は衛星写真で掴めるし、無線量の増大などの兆候も傍受できる（もっとも、小規模な武力行使が結果的にかなりの規模にエスカレートしてしまう可能性は排除できない）。小規模な侵攻なら基本的には自衛隊の独自対処となるだろう。その際、米軍は一部補完的な役割を担うかもしれない。他方、かなりの規模の侵攻なら、米軍は「エアシー・バトル」構想に沿って、一旦は後方に退却する可能性を排除できない。いずれにしても、自衛隊は緒戦や巻き返し作戦の先兵か、撤退戦の殿《しんがり》を担うこととなる。つまり、自衛隊は常に矢面に立たされるだけでなく、最悪、捨て駒になるリスクを負わねばならない。米国が「同盟」関係の信義を重んじ、多くの「同盟国」からなる覇権システムを維持しようとするなら、ある程度早い段階で介入するだろう。しかし、軍事的リスクを軽減しようとするなら、できるだけ晩い段階で介入するだろう。実際には、これら二つの要因を総合的に考えて、介入のタイミングを図ると思われる。

したがって、日本は小規模な武力行使や侵攻、とりわけ緒戦の段階では、米軍の支援・介入を期待せず、独自対処を覚悟したほうがよい。このような条件下で、日米軍事関係のモデルになるのはフォークランド紛争における米英軍事関係である。この紛争では、米英間の「特別な関係（＝最も緊密な同盟関係）」にもかかわらず、米軍は英軍に対して部隊派遣による目に見える軍事支援をせず、諜報面、情報面、補給面で支援を行っただけである。フォークランド紛争と東シナ海有事シナリオは具体的な国際政治的背景は全く異なるとはいえ、島嶼部における海空戦力中心の作戦である点は共通する。また、前者における補給基地としての南大西洋の孤島、英領アセンション島（第二次世界大戦中に米陸軍工兵隊が飛行場を造成、現在も米軍の管理下にある）は後者におけるグアム島の役割と多分に重複する。したがって、前者において米国が英国に与えた目立たない裏方での支援がいかに決定的な役割を演じたかを理解すれば、後者において米国が日本に与えると期待できる支援の具体的なイメージが持てる[20]。

フォークランド紛争では、米国は英軍に対して浄水プラントや四七〇〇トンの滑走路舗装材だけでなく、一二万五〇〇〇ガロンの航空機用燃料[21]や当時最新の空対空ミサイル（ＡＩＭ－９Ｌサイドワインダー：全方位でロックオンを可能とする赤外線センサー搭載。従来のミサイルは敵航空機に対して後方からのみロックオンできた[22]）一〇五発を供給した。米軍は米空軍機に装着していたミサイルを取り外して、英軍が要求した四八時間以内の供給を実現し[23]、このミサイルでアルゼンチン軍の航空機の九割以上を撃墜した[24]。また、米国は対ソ連用の偵察衛星の周回軌道をフォークランド紛争のために移動させ、英国に情報を提供したと思われる。さらに、米国は英海軍の空母が撃沈された場合、米海軍ヘリコプター空母「グアム」を援軍に差し向ける用意があった[25]。

東シナ海有事において、中国軍はアルゼンチン軍がフォークランド紛争で動員した程度の海空戦力を出動させるであろう。陸上戦力に関しては、尖閣諸島にだけ侵攻するなら小規模なコマンド部隊、先島諸島にまで侵攻するならフォークランド紛争時のアルゼンチン軍と同規模の一万人程度は動員するだろう。フォークランド紛争では、アルゼンチン軍は大損害を被り完敗した。しかし、英軍も二五五名の死者と七五五名の負傷者を出したほか、駆逐艦二隻、フリゲート艦二隻、揚陸艦一隻などを撃沈され、航空機三四機も撃墜された[26]。自衛隊はこのような覚悟と態勢を整えてこそ初めて、米軍がタイミングを見て東シナ海有事に支援・介入してくると期待できるであろう。

（註）

（1）Denis Cauchon, "Government's mountain of debt", *USA TODAY*, June 7, 2011, http://usatoday30.usatoday.com/news/washington/2011-06-06-us-debt-chart-medicare-social-security_n.htm, accessed on August 15, 2014; Denis Cauchon, "U.S. Owes $62 trillion", *USA TODAY*, June 13, 2013; US Debt Clock, http://www.usdebtclock.org/, accessed on August 15, 2014, http://usatoday30.usatoday.com/news/washington/2011-06-06-us-owes-62-trillion-in-debt_n.htm, accessed on August 15, 2014.

（2）増田悦佐『日本と世界を揺り動かす物凄いこと』マガジンハウス、二〇一一年、一一三－一一四頁。James D. Hamilton, "Off-Balance-Sheet Federal Liabilities," June 1, 2013, http://econweb.ucsd.edu/~jhamilto/Cato_paper.pdf, accessed on August 15, 2014.

（3）Jagdish Bhagwati, http://www.columbia.edu/~jb38/papers/pdf/Writings_on_the_Financial_Crisis_and_Wall_Street_Treasury_Complex_-_FINAL.pdf, accessed on August 15, 2014.

（4）"Jobeconomics Unemployment Report", July 2014, http://jobenomicsblog.com/jobenomics-unemployment-report-july-2014/, accessed on August 15, 2014.

（5）"The Major Trends in U.S. Income Inequality since 1947", December 5, 2013, http://finance.townhall.

com/columnists/politicalcalculations/2013/12/05/the-major-trends-in-us-income-inequality-since-1947-n1757626/page/full, accessed on August 15, 2014.

（6）「外務官僚『日米の対等求める民主政権は愚か』　米公電訳」『朝日新聞』二〇一一年五月七日、http://www.asahi.com/special/wikileaks/TKY201105060396.html, 二〇一四年八月一五日アクセス。http://www.nytimes.com/interactive/2010/11/28/world/20101128-cables-viewer.html#report/japan-09TOKYO2197, accessed on August 15, 2014.

（7）「不信の官僚、『米は過度に妥協するな』〈米公電分析〉」『朝日新聞』二〇一一年五月四日、http://www.asahi.com/special/wikileaks/TKY201105030296.html, accessed on August 15, 2014. http://www.nytimes.com/interactive/2010/11/28/world/20101128-cables-viewer.html?_r=0#report/japan-09TOKYO2378, accessed on August 15, 2014.

（8）例えば、こうした手法によるものとして、拙著『動揺する米国覇権』現代図書、二〇〇五年。

（9）中田安彦『ジャパン・ハンドラーズ』日本文芸社、二〇〇五年。春原剛『ジャパン・ハンド』文藝春秋、二〇〇六年。

（10）Jim Webb, "Observations and Recommendations on U.S. Military Basing in East Asia", May 11, 2011, http://votesmart.org/public-statement/610564/#.U-2spKPp_Qw, accessed on August 15, 2014.

（11）http://www.stimson.org/events/US-Japan-alliance/, accessed on August 15, 2014.

（12）Jan van Tol, Mark Gunzinger, Andrew F. Krepinevich, and Jim Thoma, ***AirSea Battle: A Point-of-Departure Operational Concept***, May 18, 2010, http://www.csbaonline.org/publications/2010/05/airsea-battle-concept/, accessed on August 15, 2014.

（13）***Ibid***, p. xi.

(14) 在沖縄海兵隊のグアム移転に係る協定に基づく日本国政府による資金の提供に関する書簡の交換、二〇一〇年九月一四日、http://www.mofa.go.jp/mofaj/gaiko/treaty/pdfs/shomei_43_shokan_100914.pdf. 二〇一四年八月一五日アクセス。

(15)「沖縄海兵隊四七〇〇人先行移転、普天間と分離日米が大筋合意」『日本経済新聞』二〇一二年二月五日、http://www.nikkei.com/article/DGXDASFS04015_U2A200C1MM8000, 二〇一四年八月一五日アクセス。

(16)「アジア太平洋は『最優先事項』 豪議会でオバマ氏」『共同通信』二〇一一年一一月一七日、http://www.47news.jp/CN/201111/CN2011111701000229.html, 二〇一四年八月一五日アクセス。

(17) Remarks by President Obama and Prime Minister Gillard of Australia in Joint Press Conference, November 16, 2011, http://www.whitehouse.gov/the-press-office/2011/11/16/remarks-president-obama-and-prime-minister-gillard-australia-joint-press, accessed on August 15, 2014.

(18)『朝日新聞』二〇一一年一二月一〇日。

(19) Remarks by the President on the Defense Strategic Review, January 5, 2012, http://www.whitehouse.gov/the-press-office/2012/01/05/remarks-president-defense-strategic-review, accessed on August 15, 2014.

(20) 邦文でのフォークランド紛争に関する論考は、石津朋之(編)『フォークランド戦争史』防衛研究所、二〇一四年、http://www.nids.go.jp/publication/falkland/index.html, 二〇一四年八月一五日アクセス。

(21) Daniel Ford," 'Not Right, but British': The Superpower Role in the Falklands War", http://www.warbirdforum.com/falk1.htm, accessed on August 15, 2014.

(22) http://en.wikipedia.org/wiki/AIM-9_Sidewinder#AIM-9L, accessed on August 15, 2014.

(23) Nicholas Watt, "Crucial Falklands role played by US missiles", ***Guardian***, September 6, 2002, http://www.theguardian.com/uk/2002/sep/06/falklands.world, accessed on August 15, 2014.

(24) Daniel Ford, ***op.cit.***

(25) ***Ibid.***

(26) "Falkland Islands Conflict of 1982", http://www.falklandswar.org.uk/, accessed on August 15, 2014. Kennedy Hickman, "The Falkland War: An Overview", http://militaryhistory.about.com/od/battleswars1900s/p/falklands.htm, accessed on August 15, 2014.

米海軍横須賀基地に配備された原子力空母「ロナルド・レーガン」
写真提供：共同通信

第Ⅱ部

米国の対中防衛・軍事戦略

第3章　「エアシー・バトル」構想の限界と含意

今日、国際的なパワー分布はかなりの程度中国の台頭と米国の相対的凋落に突き動かされ、次第に変化しつつある。この二〇年間ほぼ継続的に、中国は国防費を二桁で増やし続け、その結果、国際政治史上、未曽有の軍拡を行った。また、中国は台湾、尖閣諸島、西沙諸島、南沙諸島等に対する失地回復主義的な要求と関連して、一連のますます独断的かつ強圧的な外交的、軍事的行動を採るようになった。東アジア・西太平洋地域の安全保障秩序は十分に安定的に見えるが、もし中国が軍事的侵略によって地域の領土的現状を変更しようとするなら、米国とその同盟国は共同して中国を抑止し、さらに必要があるなら、打ち負かさねばならない。しかし、そうすることは、二〇〇八年秋のリーマン・ショックによって、米国経済の健全性が損なわれたため、ほぼ間違いなく、米国の国防費は少なくとも向こう一〇年間次々と削減されるであろうから、覇権国である米国にとってさえかなりの難題である。(1)

この目的を達成するために、米国は「エアシー・バトル（Air-Sea Battle）」と呼ばれる新たな作戦構想を策定し、国防費削減により軍事力が相対的に凋落する負のインパクトを相殺することで、中国に対する効果的な抑止と戦闘に勝利できる戦力を維持しようとしている。[2] 現時点でこの構想に関する最も詳細で信頼すべき分析は恐らく二〇一〇年に米国の民間シンクタンク、戦略予算評価研究所（CSBS）によるヤン・ファン・トール等著『エアシー・バトル――出発点としての作戦構想』である。[3] 主要な政府刊行物としては、二〇一三年五月に国防総省エアシー・バトル室による『エアシー・バトル――接近阻止・領域拒否の挑戦を提起するための軍種間協働』であろう。[4]

国防調達取得費が少なくなっても、「エアシー・バトル」構想は軍種横断的、機能分野横断的な相乗効果を生むように空・海軍戦力を統合して用いることで、そうした対中相殺効果を出すことを目指したものである。したがって、この構想は中国軍がその周囲で有する量的優勢を米軍の質的優勢によって相殺することを狙ったものだと言える。とはいえ、どの程度そうした相殺効果を達成しうるかは、少なくとも、具体的な作戦ドクトリンが策定されるまで分からない。確かに、その根本的な考え方は既に二〇一〇年の『四年毎の国防計画見直し（QDR：*Quadrennial Defense Review*）』報告書の策定過程において議論されたが、国防総省に少人数のスタッフを持つ海・空軍統合的なエアシー・バトル室が設置されたのは、漸く二〇一一年の夏になってからである。それ以来、「エアシー・バトル」構想は進化発展中の秘密の概念であることから、少なくとも公開情報の次元では、概念の上でも作戦ドクトリンの上でも大きな進展は見受けられない。

その結果、「エアシー・バトル」構想は未だ策定の初期段階にもかかわらず、相当な戦略的な含意や政策上の効用を包含している。この概念は、仮に現時点では単に実体のないものであっても、米国の戦力投射能力を相当強化する効果を及ぼすとの期待に沿って、米国は同盟国に対して確かに防衛上の支援義務を果たすと約束するメッセージを送る手段とすることができる。そうしたメッセージは米国とこの地域の主たる二国間同盟諸国との間の「ハブ・アンド・スポークス（hub-and-spoke：車輪と輻）・システム」の働きを維持するには不可欠である。また、この構想から空海軍戦力を統合し、兵器や戦力構成のための新たな指針（当然、兵器の調達・取得と軍事技術開発に対する予算立案を包含する）に対して非常に費用対効果が高いアプローチを引き出すことができる。この新指針がなければ、陸海空軍と海兵隊は縮小しつつあるリソースを巡って競い合い、各々の組織利益を最適化しようとするであろう。そうなれば、各々は後日、軍種間で（場合によっては、単一の軍種内においてすら）相互運用性がないと判明するような兵器システムへ重複投資を行いかねない。国防総省は財布の紐を握っている議会に対して、「エアシー・バトル」構想はますます厳しくなる財政的制約の下でも達成可能であると示す必要があり、そうすることで予想される緊縮財政の主たる部分として大きな国防費削減が行われるのを回避せねばならない。

しかしながら、「エアシー・バトル」構想が有するこれら二つの効用は、本質的にはその根本的な作戦ドクトリン上の根拠が高次の米国の諸戦略にとって妥当で且つ矛盾がないとの前提に依拠している。ところが、明らかにこの構想は十分に高次の諸戦略と関連付けられることなく、戦術レベルと作戦運用レベルだけのものとなっている。このことは、これまでのところ、この構想に関する議論が地政学や地経学の次元での米国の国益、目的、優先事項やこれらから導き出される高次の安全保障上の目標に対する含意を探ることに失敗していることを意味している。それ故、この構想自体は、米国が中国と戦うと想定する特定の大規模な戦闘に勝利するよう図った作戦計画として策定しえても、米国が如何なる条件の下でどのような目的にために、中国との戦争を始め又終わらせるかを決定するには役立たない。しかも、そうした作戦計画は、中国の戦力が予想以上に速く成長するか増えた場合、あるいは、中国にとっての「勝利」が戦闘に勝つことを要求しない政治目標の達成として定義され、中国の戦争計画がこの作戦計画を単に無意味なものとする場合には成り立たない。

本章は戦略次元の思考と作戦運用次元の思考の間の断絶に焦点を合わせて、中国の軍事的台頭に対する米国の対応としての「エアシー・バトル」構想に暗黙裡に想定される主要な前提をいくつか見出すことを目的としている。また、本章での分析は同構想の顕著な限界や陥穽《かんせい》を把握し、必要な改善策を処方することを目指している。そうするには、ここでは、全体的な戦略の文脈で、中国が何故「接近阻止・領域拒否」能力を相当強化したのかその理由を探り、いかによく「エアシー・バトル」構想が中国の「接近阻止・領域拒否」に対抗しうるかに注目する。また逆に、いかなる条件の下で「エアシー・バトル」構想に基づく作戦計画が中国による侵略の抑止に失敗するか、あるいは、地域の安全保障を不安定化させるかを見極める。そして、結論では、楽観的、現実的、悲観的な三つのシナリオに則しながら、米国、日本、台湾のための政策を提言する。そのため、様々な台湾有事のシナリオに対する媒介変数分析を用いた先行研究業績に依拠しながら、概念的、理論的分析を提示する。その際、制海権よりも制空権を重視する。というのは、台湾有事においては、制空権が制海権の前提条件となり、それゆえ追加的に重要な海洋戦略の諸側面については触れないこととする。(5) こうした分析上の力点の置き方は、海軍、海兵隊、陸軍の部隊を含め統合部隊の全てが果たすべき役割があることを必ずしも否定するものではない。

注意すべきは、日本は憲法上の制約のために、台湾が日本の南方に伸びる海上交通路(シーレーン)を維持するのに不可欠であるにもかかわらず、後方・兵站支援活動や諜報支援を除いて、台湾有事において「エアシー・バトル」構想に基づき、米国との合同攻撃作戦を行うための防衛戦略・政策を策定することが国内法上許されていない点にある。第二次世界戦後、平和主義的な日本国憲法――それは米国主導の連合国による占領下にあった日本に押し付けられたものであるが――第九条はわが国への侵略を排除することだけを目的とした純然たる専守防衛政策を採ることを要求するだけでなく、集団的自衛権の行使も禁じている。(6) これは、例えば、わが国自らが攻撃を被っていない場合、保有する六隻のイージス艦やその他の対「接近阻止・領域拒否」能力を使用できないこと、そして、自衛隊が公海とその上空を含めわが国領域外では米軍と合同で戦うことはできないことを意味する。確かに、こうした装備を在日米軍基地を含め沖縄本島を防衛するためにその周辺に配備するのは可能であるが、後に分析するように、中国は容易にわが国のミサイル防衛の能力を圧倒することができる。日米相互安全保障条約は、日本が米軍のために自国内に必要な基地と施設を提供すること、そして、米国が日本を防衛することを規定している。これは、日本はその領域外では米軍を守る義務がないことを意味する。その結果、少なくとも公開情報によれば、今日に至るまで、米国の「エアシー・バトル」構想に基づく作戦が日本の国防計画策定に対して如何なる含意を持つかに関して、わが国には議論が存在しない。

しかしながら、有事には、中国はこの戦域において米軍の対「接近阻止・拠点拒否」の拠点として最も戦略的に枢要な沖縄、とりわけ嘉手納の米空軍基地を攻撃すると考えられるから、日本は否応なく台湾有事に引き込まれるであろう。沖縄に配備された米航空戦力は接近阻止を実行するには欠くことができないし、沖縄の航空戦力を受け入れ能力は領域拒否機能を果たすために必要な増援部隊や後方・兵站支援の受け入れに不可欠である。この二重の機能はこの戦域では実際上不可分である。それゆえ、日本は「エアシー・バトル」構想の限界と含意を掴まねばならず、もし可能であるなら、たとえ自衛隊が米軍と協力、協働できなくとも、自らの防衛政策と米国の中国に対する「エアシー・バトル」構想に基づく台湾防衛の作戦計画を連携させねばならない。

分析的には、本章は必ずしも米国も中国も実際には大戦略（国益を整合的に捉えた上での包括的な戦略）、防衛戦略（政治軍事次元での軍事活動と装備調達に関する諸原則）、軍事戦略（作戦運用次元での軍事活動と装備調達に関する諸原則）、作戦ドクトリン（戦場における部隊運用の諸原則）、これら四つを体系的かつ連続的に策定しているわけではないと捉えている。こうした策定手順は理念型にすぎないとはいえ、分析上非常に役立つ。この理念型から言えることは、中国の「接近阻止・領域拒否」は防衛・軍事戦略次元で、また米国の「エアシー・バトル」構想は作戦ドクトリンの次元で主として策定されており、どちらもより高次の戦略と密接に関連付けられていない点である。したがって、本章ではこれら二つとより高次の戦略との間の乖離を分析し、両者が一貫性のある形で一本化できるかを分析することとする。

1　中国の戦略と「接近阻止・領域拒否」

(1) 大戦略と防衛戦略

現在、世界は中国自身が「平和的台頭」と呼ぶものが他国を犠牲にして地域覇権の構築・拡大に向かっているのかどうかを見極めようとしていると言えるだろう。一九七〇年代後半、鄧小平が開放政策を始めて以来、中国は経済成長と経済開発を通じてその相対的パワーを強化するよう図られた大戦略によって米国の覇権パワーとの差を縮めてきた。中国は米国覇権の下で非常に安定した国際的現状がもたらした相互依存と協力の国際関係から利益を享受してきた。事実、中国は自国が台頭するために国際的現状が不可欠と捉え、それを黙認してきたように見える。中国は大きく前進したとはいえ、依然として米国に挑戦するには、十分な軍事力だけでなく、それに必要な大規模な軍拡を続けるための十分な経済的な基盤も欠いている。とはいえ、追い上げ段階が終われば、中国はその経済力と技術力を戦力に転化して、それによって国際的現状に挑戦することができるから、現在の状況は長期的な平和を保証するものではない。当然、米国と日本は中国が地域覇権国として再び台頭し、究極的には東アジア・西太平洋地域から米国を追い出したいと考えていないか、非常に懸念している。また、日本は引き続き日米安保条約の枠組みの中で安全保障の保証者たる米国に依存し続けることができるか、もしくは自国の国益を守るために戦略的に自立しなければならないか懸念している。もし本当に中国が地域覇権国たらんと欲しているのであれば、究極的には覇権国である米国そして日米同盟と対決せねばならないことになるであろう。

どうやら、時間の経過は中国にとって有利に働くことから、中国はその核心的利益が危険に晒されない限り、米国覇権に挑戦する必要はない。中国は米国との覇権争奪戦争に訴えなくとも、その地政学的、地経学的影響力がゆっくりであっても着実に大きくなるにつれて、実質的に周辺諸国をその勢力圏の下に置くことができる。支配的になった中国は、最も典型的には、冷戦時代にソ連がフィンランドに対して行使したように、周辺諸国が各々の国家主権を保持しながらも、これらの諸国の政策に決定的な影響力を行使できるであろう。

したがって、依然として大規模な戦争が高い蓋然性で起こるとまでは言えなくとも、起こりうるのであるから、中国の戦力と同様にその防衛戦略を把握しておくことが不可欠である。中国の現在の防衛戦略の特徴は、それがどのように変容してきたかに注目しながら、先行の防衛戦略と対比することで明らかになるであろう(7)。

まず、中国は日中戦争とその後の国共内戦を踏まえて、その後長らく中国大陸への大規模な侵攻に対して本土防衛のために所謂「人民戦争」戦略を採った。これは、敵軍を内陸深く引き込んで、いわば「人民の海」のなかで運動戦とゲリラ戦の組み合わせてよって敵を消耗させる戦略である(8)。

しかし、その後、中国は増大するソ連の軍事力に直面し、さらに一九七九年には中越戦争での敗北に学んだことから、第一番目の戦略にかわって第二番目の「現代的条件の下での人民戦争」戦略を採るようになった。この戦略では、ソ連や米国との総力戦は起こりそうもないと想定し、現代化されたソ連軍との地域限定戦争に勝利することを目的としている。中国は限定的なソ連の侵攻から中ソ国境と華北の主要都市を防衛する必要があった。とはいえ、ソ連軍を内陸深く引き込むことはできないことから、もはや第一戦略には依存することはできなかった。この戦略上の転換は兵員数よりも技術に頼るため、必然的に部隊の削減や専門化を伴う。また、低いレベルの軍事技術や装備しか使わないゲリラ戦と人民解放軍の大規模歩兵戦術を時代遅れなものとし、その代わりに、海洋への戦力投射戦略へと発展する機動能力、緊急展開能力、現代的な精密兵器の使用の習得を要求する。この戦略転換は、必ず軍事と技術への投資を伴う「中国の特色のある社会主義」と開放政策に基づいた鄧小平の政治経済的な改革によって可能となった。

一九九一年の第一次湾岸戦争以後、中国は再び第三の「ハイテク条件の下における局地戦争」戦略に切り替えた。この戦略は、局地戦が地理的範囲、継続期間、政治目的の点で限定的であると想定し、ハイテク兵器を枢軸として策定されている。そして、軍事情報システムが指揮、統制、コンピュータ、通信、諜報、監視、偵察機能（C4ISR）を横断する形でますます統合化される一方、局地戦は比較的限定された武力の行使により限定的な政治目標を達成するために行われる。二〇〇四年以降、中国は「情報化された局地戦争」に準備してきた(9)。

間違いなく、中国は起こりうる米中軍事衝突に対して第三の戦略を適用するであろう。以下の分析では、そうした紛争の第一要因として、中国のどの核心的利益がどのように最も挑戦を受けると思われるかを考察する。

(2) 主要な核心的利益たる台湾問題

今日、中国はその歴史観によれば、一九世紀半ばから始まった西洋帝国主義・植民地主義時代に辛酸を嘗《な》めさせられたとされる「屈辱の世紀」に対して遺恨を抱いている。中国は自国の領土保全を強く主張している。もっとも、このこと自体は一般的に言えば国際法と、具体的に言えば国連憲章とも全く合致している。しかし、台湾、尖閣諸島、西沙諸島、南沙諸島等を含む周辺地域に対する中国の失地回復主義的な主張は軍事的侵略に繋がるかもしれず、それによって地域の現状に挑戦しあるいは、仮に必要であったとしても、平和的な領土的変更を阻んでしまうかもしれない。特に、二〇〇五年、中国は万一台湾が法的な独立を宣言するあるいは無期限に統一を先延ばしした場合には、台湾に対する武力攻撃と強制的な中台統一さえ正当化する反分裂国家法を制定した。中国が台湾に対して挑発によらざる攻撃を加えた場合には、米国は台湾関係法によって間接的に表明しているだけとはいえ、台湾の安全保障と事実上の独立の唯一の保証者となることを約束しているため、恐らく武力介入するであろう。他方、万一台湾が法的な独立を宣言した場合には、米国が介入するかどうかは分からない。

中国が断固として台湾問題を主要な核心的利益であると見做しており、また現共産党体制の正当性がますます台湾問題を焦点とした人民のナショナリズムに依存していると捉えているため、米中の武力紛争に備えることは、現時点ではそうした可能性はかなり低いとはいえ、[10]必要である。この状況が不可避であるのは、共産主義のイデオロギーがもはや通用しなくなっているからであり、別の正当性の基盤として、高度経済成長が従来のように維持できないからである。台湾統一は未だ実現されていない中国の核心的利益であるのに対して、他の二問題、つまりチベットと新疆は保持し続けさえすればよい。確かに、中国は防衛すべき巨大な大陸と長い国境を有しているため、その戦力構造は必ずしも台湾有事に対処するためだけに計画されたものではない。しかし、中国はこの戦域において非常に大きな「接近阻止・領域拒否」戦力を集中させている。しかも、それは必要からではなく、進んで選択してそうしているのである。これらの事実だけを見ても、本章で台湾有事に分析の焦点を合わせることが妥当だと分かる。

したがって、最小限の中国の戦争目的は台湾の独立を阻止することであり、最大限の目標は台湾統一なのである。戦争とは他の手段で行われる政治の延長に過ぎず、それ故、戦争に勝利することは予め定められた政治目標を達成することであると定義される。このことが意味するのは、そのような目標を成し遂げるかぎり、仮に戦場で米国に対する限定的な軍事的勝利を達成できなくとも、中国は最終的な勝利を収めることができると言える。最低限、現中国共産党体制は自国の人民が勝利として受容できる限定的な目標を達成した後、戦闘を膠着状態に持ち込み、交渉を介して政治的な決着をつけられればよい。さらに言えば、中国は万一そうした決着をつけることができなくとも、米国に戦争による経済的負担を負わせ、米国覇権を衰退させ、米国に台湾の安全保障の保証者の役割を断念させることによって、勝利を得ることができるだろう（確かに、中国は直近もしくは中期的な目標の達成に失敗するというリスクを冒さねばならない。そして、万一失敗すれば、それは必然的に戦争を始めたことによるマイナスの経済的結果を伴い、現体制の正当性に疑いを呼ぶことになるであろう。しかし、中国は国内政治に駆られて、誤算や冒険主義から敢えてリスクを冒すかもしれない）。同様にまた、そうした政治目標は、軍事介入に対して米国の国民と指導者の決意を決定的に弱めることによって、米国が負うこととなる潜在的コストを上げることによって満たされるであろう。あるいは、同じ効果が、台湾のみに対する短期戦によっても実現できるであろう。それは、米国から自国が受容できるコストで軍事介入する機会を奪うことで可能となるであろう。

(3) 軍事戦略――接近阻止・領域拒否

限定的な政治目標を達成するために、中国は政治的、外交的、軍事的にその相対的強みを最大化し、米国の弱みに乗じればよい。中国はグローバルな軍事的卓越性の点でも戦力の点でも米国と同水準の軍事力を保有する必要もない。中国は米軍部隊が台湾有事の戦域に入るのを阻止し、当該戦域内で自由に行動することを制限すること（つまり、「接近阻止・領域拒否」）で、台湾直近の周辺地域において局地的な優勢を獲得さえすればよい(11)。一旦、そのような優勢が確保されたなら、中国近海に遊弋《ゆうよく》する海軍艦艇を含め、米軍部隊は中国から遠く離れた場所に移動せねばならない。

確かに、もし十分な米軍部隊が東アジア地域にいなければ、中国軍は局地的な優勢を享受できるだろう。現在の米軍の規模が僅かに一つの地域紛争に十分であることに鑑みると、こうした状況は米軍が同時に中東と東アジアに各々一つずつ二つの地域紛争を戦わなければならない場合、あるいは、中東において既に地域紛争を戦っている場合に生起するであろう。また同様に、中国は潜在的に頼りにならない米国の同盟国に圧力を加えて、当該戦域における米軍部隊の前方展開基地へのアクセスを制限ないし拒否させることによって、局地的優勢を獲得することができるであろう。この点、米国が中国に対して軍事行動を採る場合、在沖縄米軍基地が非常に重要な役割を果たすため、日本は中国の主要な外交的、政治的標的である。

中国は、兵器システム、軍事組織、人的資源の全般に亘って技術的に優勢な米国に対して軍事上の弱点や欠点を抱えている。サイバー戦、対衛星戦、電子戦と組み合わせた「接近阻止・領域拒否」手段（陸上設置型、海上及び海中搭載型、航空機搭載型の弾道ミサイルや巡航ミサイルなど）を使用することによってのみ、中国は台湾を中心とした戦域において米国と同等の挑戦者となることができる。

限定的な軍事的勝利を達成するには、中国軍は十分に地理的条件や政治的文脈に乗ずればよい。中国は技術的に優勢な米軍との直接対決を回避せねばならない。その代わり、中国は作戦面においては初期段階で主導権を握らねばならず、米軍部隊が配備、増強されるのを徒に待つリスクを避けねばならない。また、中国は予想される時間と場所を選んで米軍に奇襲攻撃を掛けねばならないであろうし、それは必然的に指揮システム、兵站システム、空軍基地、港湾、海上交通路、空母を含め拠点となる脆弱な軍事目標に対する先制的な集中攻撃を伴うであろう。(12) さらに言えば、中国はハイテク兵器による攻撃を可能ならしめるC４ＩＳＲシステム、コンピューター・ネットワーク、衛星等、電子データの収集、伝達、処理に中心的な役割を果たす米軍の統合情報システムを攻撃せねばならないであろう。こうした軍事手段を全て用いれば、中国は抵抗しようとする米国の意志を挫くことができるであろう。

こうした中国の軍事戦略は冷戦時代のソ連のものと酷似している。この戦略は地上移動型の弾道ミサイルを用いた非対称戦力を構築しようと目指しており、それは二一世紀に大日本帝国海軍型の海軍を建設するよりも遥かに安価である。

実際、中国は米国のパーシングⅡ型ミサイルや軌道型弾道（MaRVS：Maneuvering Reentry Vehicles）を含め、これらの米ミサイル開発を凝視してきた。エリクソン氏とヤン氏によれば、中国は既に一九七二年には海上の軍事目標を攻撃するために弾道ミサイルを使用することを考慮していたし[13]、作戦ドクトリンに関する中国の軍事分野の出版物には「接近阻止・領域拒否」の発想や手段を盛り込んでいた[14]。二〇〇七年には、ロジャー・クリフ氏等は、中国の軍事分野の出版物には「接近阻止」に相等する用語は用いられていなかったものの、テーマとしての「接近阻止」が米国との武力紛争での現実的な選択肢として中国の戦略論において際立っていたことに注目している[15]。

「接近阻止・領域拒否」の発想を現実のものとするには、作戦ドクトリンを策定し、そのための武器や装備を調達し配備することが不可欠である。現在の中国の武器・装備の種類、保有量、性能を調べることによって、中国の「接近阻止・領域拒否」戦力をそうした思考の具現化として捉えることができるだろう。

（4）「接近阻止・領域拒否」と攻撃能力

ここ一〇年間以上、米国防総省は、先進型巡航ミサイル、通常弾頭搭載型の短・準中距離弾道ミサイル、対宇宙戦兵器、軍事サイバー戦においてますます増大する中国の戦力に関して、これら全てが中国の「接近阻止・領域拒否」能力を相当強めることとなるとして一貫して警告してきた。また、国防総省は、中国が継続的に先進戦闘機、限定的な戦力投射、統合化された防空システム、潜水艦戦、核抑止、戦略核による攻撃、改善された指揮・統制、陸海空軍用のより洗練された訓練の諸分野において能力を改善してきたことに警戒している[16]。この点は最近J－20ステルス戦闘機の初飛行が行われたことや中国が初めて保有した空母の海上試運転を初めて行ったことにより実証されている[17]。

注目すべきは、中国が相当な数量の通常弾頭型の弾道ミサイルを保有するに至ったことである。国防総省の見積もりによれば、既に二〇〇九年には、中国は質的な改善を着実に進めながら、一一五〇基の短距離弾道ミサイル（ＳＲＢＭ）、八〇基の準中距離弾道ミサイル、四〇基の中距離弾道ミサイルを保有していた[18]（また、短距離弾道ミサイル発射機を二五〇基、準中距離弾道ミサイル発射機を九〇基、中距離弾道ミサイル発射機を五五基保有していた[19]）。これが意味するところは、中国は台湾だけでなく、台湾有事の際、台湾へ航空戦力を投射する在沖縄米軍の部隊や基地・施設等の重要軍事目標を攻撃する多数の通常弾頭搭載の弾道ミサイルを保有していることである。また、これらの内、多くのミサイルが非常に機動性が高い輸送起立発射機（TEL：Transporter-Elector-Launcher）に搭載されており、ミサイル攻撃に脆弱でない、したがって、攻撃を受けても非常に破壊されにくく無傷で残ってしまうことがよく知られている。

果たせるかな、シャルパク氏のシミュレーションによれば、一五〇基から二五〇基の短距離弾道ミサイルがあれば、台湾側の全戦闘機基地の滑走路の一部を破壊して使用不能とし、強化された掩体壕《えんたいごう》に格納されず滑走路に駐機してある全戦闘機を破壊できる[20]。また、同氏の概算によれば、子爆発体を搭載する短距離弾道ミサイル六〇発～二〇〇発で滑走路の破壊を狙えば、台湾にあるほとんどの戦闘機基地は一時的に閉鎖させることとなる[21]。同様に、ゴン氏は、想定されるＤＦ15（東風15－中国が保有する短距離弾道ミサイル）の着弾破壊範囲で計算すれば[22]、僅かＤＦ15、三四発によって、一五棟の強化済み掩体しかない米空軍嘉手納基地に駐機されている戦闘機を全て破壊するか、酷《ひど》い損害を与えることができると捉えている[23]。もし中国に先制攻撃を受ければ、米空軍は中国本土に配備された輸送起立発射機（ＴＥＬ）のほとんどを破壊できまい。また、現在米軍が配備する限定的なミサイル防衛システムは中国のミサイルによる一斉攻撃を受ければ、圧倒され無力化される。さらに、シャルパク氏の理解では、中国は既に二〇〇八年には、台湾と沖縄を射程範囲に収める無数の精密誘導兵器(PGM)と二〇〇基の巡航ミサイルを保有していた[24]。特に、DH10(米軍のトマホーク巡航ミサイルに相等する中国が保有する主要な地上配備型対地巡航ミサイルで、地形照合誘導方式機能を有する)は沖縄の嘉手納基地の強化掩体を攻撃する能力を有する。シャルパク氏の概算によれば、友軍の二〇%〜九〇%の航空機は露天で破壊されてしまう[25]。

シャルパク氏が指摘するように、中国のミサイル攻撃能力は台湾の航空機基地を一撃で打ちのめすレベルのものとなりつつあり、緒戦において中国側に制空権の確保を可能ならしめるであろう[26]。したがって、「接近阻止・領域拒否」の作戦上の論理は必然的に、台湾防衛や日本防衛の主要な拠点である在日米軍基地、とりわけ沖縄本島にある米嘉手納空軍基地に対する先制攻撃を行う強い衝動を伴う。

同様に、戦闘機の近代化の結果もたらされた中国の急速に増大する空軍力も重要である。とはいえ、その空軍力は少数のあまりよく機能していない早期空中管制機とほどほどに近代化された防空システムによってしか支えられていない。中国人民解放軍空軍(以下、中国空軍)が保有する第四世代の戦闘機数は過去一〇年間で四倍になった一方、第二世代の戦闘機数は三分の二に減ったこともよく知られている。二〇一一年の米国防総省の見積もりによれば、中国空軍は既に台湾付近に給油なしに台湾に攻撃作戦を実行できる戦闘機三三〇機を含み航空機四九〇機を保有していた[27]。これらの数字には、精密誘導爆発体、打ち放しの空対空ミサイルPL12、地上配備型対地巡航ミサイルを装備した先進的な第四戦闘機であるロシア製SU27フランカーや国産のJ10を含む。一旦、わが方友軍の空軍基地・施設と対地ミサイルや巡航ミサイルを搭載する航空機を制圧することによって、制空権が確保されれば、中国空軍の有人航空機は最も効果的にこれらの兵器によって抗堪性が強化されたわが方の軍事目標に打撃を加えることができる。

野心的にも、中国は自国の沿岸海軍[28]を空母も保有する外洋海軍に変化させようとしている。しかし、財政的制約のために、中国は容易には近い将来、三つないし四つの本格的な空母機動艦隊を保有・維持することはできない。また、離着陸に長い滑走路を要せず着艦時の物理的ストレスにも耐えられる先進的な艦載機を開発・製造するのも容易ではない。さらに、中国が空母攻撃戦力の運用を習得するまでには長い時間を要するであろう。こうした限界を補完するために、中国はミサイル、魚雷、機雷等、米空母機動部隊に対する「接近阻止・領域拒否」の具体的手段を急速に構築しつつある[29]。したがって、空母開発にリソースを振り向けなければ、中国の「接近阻止・領域拒否」の軍事戦略はより完全かつ速やかに進展するだろうから、外洋海軍の構築と空母の建造はこの軍事戦略全体と上手く馴染まないように思える。中国がこうした海軍力増強を単に長期的な目標と捉えているのか、また国内政治圧力のために一見非合理的な政策を採っているのかは本章の分析の範囲を超えている。

中国はその「接近阻止・領域拒否」能力が著しく高まるにつれて、台湾進攻における素早い勝利を収めることを前提とした戦争計画を策定する一方、速いスピードで展開する短期間作戦の早期段階において主導権を採ることにより自信を深めるであろう。米国民は多数の米軍兵士の死傷者がでるのを避けるため、米国にとっては台湾を防衛するのはますます困難となるであろう。そこで、「エアシー・バトル」構想が戦略・作戦の文脈の双方において中国の「接近阻止・領域拒否」に効果的に対抗できるか検討するのは極めて重要だと言える。

2　米国の戦略と「エアシー・バトル」構想

(1) 米国の相対的凋落と戦略的選択肢

冷戦が終焉し、米国は覇権、選択的関与、オフショア・バランシング、孤立主義の四つのグランド・ストラテジー（「大戦略」）の選択肢を有している。しかし、これら四つの選択肢は、議論を簡明にするため便宜上、二つに絞ることができる。

レイン氏によれば、「覇権戦略は米国に有利なパワーの不均衡をユーラシア大陸に維持することを追求する。選択的関与戦略は一見パワーの多極的分布の維持を追求しているように思える」。これらの概念上の差異にも関らず、両戦略とも「ユーラシア大陸において前方展開する米軍のプレゼンス」とユーラシア大陸における多極化の出現や覇権国になろうとする大国に対抗する覇権政策を採ることを必要とする。両戦略とも、米国の同盟国がその安全保障のために米国に依存している状態、つまり、米国がその覇権を維持するために、同盟国の信頼を守る戦争を戦うことを要求する。したがって、実際問題としても処方箋から考えても、米軍のプレゼンスの規模や軍事介入の頻度の差異にも関らず、両戦略の差異は曖昧なものとなる。(30)

また同様に、オフショア・バランシング戦略は「ユーラシア大陸における唯一の米国の戦略的な利益とはユーラシアの覇権国の出現を阻むことであると仮定している」。孤立主義戦略は「ユーラシアの覇権国といえども米国に脅威を与えることはできないのであるから、ユーラシア大陸におけるパワーの分布状況は米国の安全保障にとって無関係であると想定している」。両戦略の概念上の差異にも関らず、両者とも本質的にはユーラシア大陸内でのパワーの均衡に責任転嫁する戦略であり、実際問題としても処方箋から考えても、ユーラシア大陸内における最小限の武力介入のみを支持する（もっとも、実際何が最小限なのか、その定義は異なる）(31)。

今や米国はその覇権の相対的な凋落の文脈、特にリーマン・ショック後の緊縮財政状態のなかで、覇権戦略とオフショア・バランシング戦略との間でそのどちらをとるか困難な選択に直面している。覇権戦略は米国に東アジア・西太平洋に配備し続ける軍事プレゼンスによって中国を抑止し、抑止が失敗すれば、中国に対して同盟国を防衛することを要求する。それとは対照的に、オフショア・バランシング戦略はグローバルな覇権を維持することを求めず、その代わり中国の地域覇権の台頭を阻止しこの重要な地域への米国の経済的、政治的、軍事的アクセスを維持することを求める。

現実には、覇権戦略とオフショア・バランシング戦略の二つの戦略は海外へ介入する決意と能力のさまざまな水準に応じて変化する。一般的には、覇権戦略は、介入に対する強い決意を所与とすれば、能力の欠如により多くの制約を受ける。したがって、覇権戦略は覇権国が当該戦域においてその軍事プレゼンスを支えるように同盟を再活性化することにより自己の限定的な凋落を埋め合わせることができれば、持続可能である。しかし、覇権戦略は、覇権国が同盟国や潜在的敵国の政策上の選好を無視して介入を強行すれば、あるいは、当該戦域に居座ろうとする場合を含め、覇権国の軍事力の凋落がかなりなものとなれば、もはや維持できない。他方、オフショア・バランシング戦略は強い決意が有るにも関わらず能力の欠如によってもたらされるか、あるいは、十分な能力が有るにも関わらず決意の欠如によってもたらされる。

「エアシー・バトル」構想は覇権戦略にとってのみ妥当であり、覇権が維持できないのなら拒絶されねばならない。冷戦期、米国はグローバル覇権を維持すべく「封じ込め戦略」を採った。しかし、レイン氏によれば、国防総省が一九九四年に策定した『一九九四年会計年度〜一九九九年会計年度国防計画指針（"*Defense Planning Guidance for 1994FY-1999FY*"）』[32]に例示されるように、覇権戦略は従来、覇権に対抗する他国の牽制行動を惹起し、また必然的に軍事的な紛糾を伴う帝国型の過度の拡張や国内経済基盤の弱体化に繋がるため、自滅的な結果を招いてきた[33]。レイン氏は、米国は近い将来東アジアからその軍事力を引き上げ、中国の覇権に対する野心が脅威を及ぼすようになればこの地域に戻ってこなければならなくなると主張する。このことは、要するに、米国が平和を維持する役割ではなく、覇権に対抗して牽制する役割を担わなければならないことを意味している。

二〇一二年一月、オバマ大統領は国防費の支出水準を下げることで連邦政府の財政赤字を削減することの必要性を公式に宣言した。本質的には、リーマン・ショック後のますます増大する財政支出削減の必要性に直面して、米国は求められる節減の水準に達するために戦力構造、部隊規模、調達、管理費を削減せねばならない。そうすることは必然的に米国の世界への関与と節減の二律背反を伴う。削減の幅が大きければ大きい程、「エアシー・バトル」構想に基づく作戦を実現するために不可欠な高価で先進的なハイテク兵器の調達プログラムの予算の削減幅や取り消しが多くなる。しかし、オバマ大統領は侵略を抑止し、打ち負かす必要を強調した。このことは必然的に暗に「エアシー・バトル」構想に基づき強化された戦力投射能力によって「接近阻止・領域拒否」に対抗することを伴う。(34)確かに、最適には及ばない「エアシー・バトル」構想に基づく作戦なら、高度なC4ISRを備えた既存の古い型(レガシー)のプラットフォームやシステムでも可能である。しかも、それなら僅かな投資としっかりした統合作戦訓練・演習だけで事足りる。しかし、これらのプラットフォームやシステムはレーガン政権時代の軍拡の結果であり、今やさらに技術的に進んでさらに高価なものに更新されねばならないから、このようなアプローチは、長期的には維持可能ではない。この移行には必ずさらに多額の投資が必要となる。

したがって、「エアシー・バトル」構想に基づく軍隊を構築する財政的な実現可能性こそが極めて重要である。バルノ、ベンサヘル、シャープの三氏は向こう一〇年間に亘って三五〇〇億ドルから八五〇〇億ドルになる国防予算削減のシナリオを提示している。

第一のシナリオは三五〇〇億ドルの国防費削減を想定しており、これは現在の戦力構造の再配置を目指しており、現行の米国の国防計画を余りにも大幅にまたは急速に変更することによって生じうる潜在的な脆弱性を最小化しようと、出来る限り現行の計画を維持するよう構想されている。このシナリオでは、古いプラットフォームを更新するための数々のハイテク兵器の購入、既存のシステムと比して依然として洗練されているがローテクである数々の性能向上措置の購入、技術革新的な数々の技術の購入ができる。(35)このシナリオは確実に米軍が世界中で生起しうる幅広い脅威に取り組み続けることを可能とする。このシナリオの下では「エアシー・バトル」構想は実現可能である。

第二のシナリオは向こう一〇年間で五〇二〇億ドルの国防費を削減するとしている。この規模の削減でも、西太平洋、インド洋、中東・アラビア湾、地中海を中心に不自然だがグローバルな広がりの軍事プレゼンスを可能にする。米軍はより少ないプラットフォームと部隊しかないが、依然として先進的な艦艇と航空機とグローバルな任務を果たすためのかなり大きな陸上遠征能力を保有する。しかし、このシナリオはさらに大きなリスクを取り、上記の四地域以外では、より長い対応時間がかかることを受容する。また新たなハイテク兵器を調達するのではなく、既存の旧式となった兵器の近代化やアップグレードに高い優先順位を置く。この第二のシナリオが孕むリスクはかなりなものであるが受容可能なものであり、何とか「エアシー・バトル」構想に必要な能力を提供する(36)。

第三のシナリオは向こう一〇年間で六六五〇億ドルの国防費の削減を行うものであり、利用可能なプラットフォームや部隊が遥かに少なくなり、単一の軍種で自己完結的な戦力が低下するため、短期的なリスクをかなり伴う。このシナリオは太平洋や他の海域を横断する前方展開戦略を実行する枢要な次世代有人航空機や海軍艦艇の数を減らすことになり、「エアシー・バトル」構想を完全に実現するには不十分であり、受容しがたいほど高いリスクを伴う(37)。

第四のシナリオは向こう一〇年間で八二二〇億ドルの国防費を削減するもので、その焦点を戦力の経済効率と国防費の米国経済に対する負担の最小化に置いている。しかし、このシナリオは一つの大きな地域紛争において米国の核心的な国益を守るために辛うじて十分な軍事力の保有を可能とするだけであり、オフショア・バランシング戦略へ移行せざるを余儀なくさせる。このシナリオは米国のパワーとコミットメントが減退しているとのメッセージをはっきり送ることになり、中国が第一列島線（この線は通常、千島列島、日本列島、琉球列島、台湾、フィリピン、ボルネオ、インドネシアのナツナ・ベサールを繋ぐ線によって描かれる）と呼ぶものによって区分される東アジアの海洋中心の戦域における中国の勢力圏の出現を許すことに繋がるかもしれない(38)（本書一九頁の図参照）。

現時点では、四つの国防費削減のシナリオのうち、どれが現実のものとなるか分からない。しかし、「エアシー・バトル」構想に基づく軍を建設する実現可能性は、もし米国が第三と第四の削減シナリオの間、[39] したがって、覇権戦略とオフショア・バランシング戦略の間での選択を迫られることとなれば、疑わしくなるであろう。そうした事態にならねば、「エアシー・バトル」構想は有効なものとして主張することができよう。したがって、同構想の主要な前提と基本的な作戦上の論理は精査するに値する。

(2) 拒否による抑止から処罰による抑止へ

中国の「接近阻止・領域拒否」能力が増大するにつれて、東アジア・西太平洋地域における米国の前方展開戦力の生存可能性は落ちていく。米軍は沿岸水域に遊弋《ゆうよく》する空母を含め、基地や拠点を確保することに非常に不利な条件に直面しており、実質的に敵の攻撃から免れた場所から行動することがますますできなくなるであろう。そのかわり、米軍は急速に長距離射程の兵器と生存性の高いプラットフォームに依存することとなるであろう。これらの戦力投射能力を用いることは必然的に、地理的に限定された台湾の直接防衛を目的とした拒否による対中抑止から、エスカレーションの脅しによる処罰による抑止に転じることを伴う。したがって、「エアシー・バトル」構想は今後一〇年から二〇年の間、生存可能な前方展開基地が非常に少ないにも関わらず、安定的で有利な通常兵器による軍事バランスを作戦レベルで維持することを目的としている。[40]

米国はますます中国の地上設置型の戦闘施設や戦闘支援施設に対する精密攻撃能力を保有せねばな

らにし、またそうすることで中国が通常兵器レベルで戦闘をエスカレートしないように抑えねばならない。こうした能力は緒戦で米軍の行動の自由を否定するかもしれない中国の軍事ネットワーク、兵器搭載プラットフォーム、長距離射程の諜報・監視・偵察システム、そして攻撃システムを破壊、少なくとも無力化するには不可欠である。そうすることで、始めて米国は中国による緒戦の攻撃を凌ぎ、友軍やその基地に対する損害を限定し、海洋、宇宙空間、サイバースペースにおける主導権を取ることができるであろう(41)。

(3)「エアシー・バトル」構想による戦術的・作戦上の優越性を維持する

米国は中国の「接近阻止・領域拒否」手段の潜在的な効果を減じるだけでなく、自国のこれらの手段に対抗する攻撃能力をも強化しなければならない。

先ず、米国は中国の「接近阻止・領域拒否」手段に対して消極的及び積極的防衛能力を強化せねばならない。これらの手段には、弾道ミサイル、艦載及び地上発射型の巡航ミサイル、対潜戦、掃海、対衛星攻撃、長射程防空に対して重要施設・目標付近に配備されたミサイル防衛が含まれる。また、高速で移動する攻撃目標を識別し、攻撃を指令するC4ISR能力を改善することも含まれる。同盟国の戦力を増強するため、米国は港湾防衛や秘密破壊活動に対する防衛を強化し、C4ISRシステムの脆弱性を減じ、さらに強力な電磁パルスを発生させ電気回路を破棄する高高度での核爆発による脅威に対抗せねばならない。しかし、ミサイル防衛システムは遥かに安価に製造できる中国の短距離弾道ミサイルの一斉射撃によって容易に圧倒される(42)。また、人民解放軍海軍の近代的な潜水艦に対する対潜戦は、とりわけ雑音の多い第一列島線内の沿岸海域では、その低い音紋のために容易ではない。

次に、米国は中国本土にある地上固定設置型の攻撃目標と長距離射程の地対空・空対空ミサイルを攻撃するための長距離射程の弾道ミサイルと巡航ミサイルの能力、そして中国本土のある移動目標を攻撃するための長距離射程の地対地並びに空対地ミサイル能力を増強せねばならない。また、中国も米国と同様に広域監視・通信で衛星に深く依存していることから、米国には対衛星攻撃能力も必要である。米国にとって有利な軍事バランスを維持するために、「エアシー・バトル」構想はこれらの攻撃手段を可能とする新たなハイテクのプラットフォームを重視する。

上記の様々な対「接近阻止・領域拒否」手段の中で、米国が高い優先順位を置くのが、台湾を中心とした戦域における制空権を獲得するために、航空戦力を強化することである。というのは、米国が一旦制空権を押さえれば、中国はその先進的な有人航空機を友軍の空域に侵入させ、誘導ミサイルや弾薬による攻撃を加え、友軍の重要な強化防備設備を施した攻撃目標を破壊することができなくなるからである。こうした攻撃は緒戦における打ち放なしのミサイルでは不可能である。

確かに、友軍は機動性向上、施設・機能の重複、航空機や人員のためのコンクリート製掩体《えんたい》などの防御設備強化、作戦行動場所の重複確保、滑走路修復能力の向上、指揮・統制機能の生存可能性向上を通じて、敵の攻撃に耐えうる能力を向上できる。しかし、中国は緒戦において台湾戦域における友軍の航空戦力の相当な部分を無力化するに十分なミサイル攻撃能力を保有している。同様に、中国の短距離弾道ミサイル能力は沖縄の嘉手納基地に配備された米国の航空戦力のかなりの部分を無力化することができる。とはいえ、二〇〇九年のシャラパク氏の見積もりによれば、中国の短距離弾道ミサイルの総弾薬投射重量は約四九五トンであり、これはおよそB1－B戦略爆撃機二一機が満載で運べる爆弾量に相等する。「(この爆弾量)は強力な能力であるが、決して台湾を屈服させたり、台湾への直接侵攻を可能とするに十分なものではない[43]」。

どうやら、緒戦での中国の短距離弾道ミサイルの一斉攻撃はそれに引き続く精密誘導兵器を搭載した航空機、海軍部隊による攻撃、最終的には台湾、あるいは、必要であれば、近傍の日本の島嶼への直接侵攻のための上陸強襲部隊による攻撃への突破口を開くように思える。台湾有事においては、弾道ミサイル攻撃に対抗するための制空権確保が、鍵であることは明らかである。

(4) 米国の優位性の余裕分は少なくなりつつある

中国の「接近阻止・領域拒否」手段は中国本土から一五〇〇キロメートルのところまで届くことから、グアム島だけが比較的安全となる。そのため、航空機の航続距離を踏まえると、米軍はグアム島のアンダーセン空軍基地から投射される航空戦力に依存せねばならない。つまり、嘉手納基地、普天間基地、三沢基地を含め在日米軍基地の全ては安全ではない。グアム島が中国大陸から二七〇〇キロメートル離れているのに対して、(コンクリートの掩体)で唯一完全に強化防護設備を施された三沢空軍基地は一〇〇〇キロメートルしか離れていない。

アンダーセン基地のみに依存するシナリオの可能性は、米軍の空母が台湾・中華民国空軍を補完することができないため、非常に高い。ますます米空母は中国が保有する急速に命中精度の上がりつつある地上設置型の対艦ミサイルの脅威に直面している。

また、シェラパク氏の見積もりによれば、台湾空軍は、仮に保有機の損耗を考慮しないとしても、現在保有している三一七機の戦闘機によって、せいぜい六五〇機分の出撃機しか送り出すことができない。万一、緒戦における中国のミサイル攻撃を受けても、毎日一〇〇機の出撃を送り出す台湾空軍の戦力が生き残り、さらに、仮に各々の米空母の艦載機五〇機が失われた台湾空軍の出撃回数を一対一で置き換えると想定しても、米国は保有する全ての空母一一隻を動員しても五五〇機分の出撃回数しか埋め合わせることができない。仮に話半分としても、米国は依然として五隻の空母を派遣しなくてはならない。これらの選択肢は全く実現性がない[44]。

確かに、米空軍は中国空軍に対して際立った質的優位をもっているが、量的優位の喪失と安全な基地を確保する上で深刻な弱点のために戦術的柔軟性の喪失に直面している。とはいえ、まだ出来上がっていないF－35と同様F－22は単体の航空機として技術的に意味ある優位を有しているに過ぎない[45]。ゴン氏の見積もりによれば、アンダーセン空軍基地はせいぜい二五〇機を収容できるに過ぎず、同基地は四ないしは五飛行大隊を維持できるに過ぎない。一回の敵航空戦力迎撃任務には往復で各々二回の空中給油が必要となり、その内一回はアンダーセン基地から最も遠いところで一八〇〇キロメートル離れた地点で行わねばならない。同基地は再補給を受けずに最長で二二日間作戦を支援することができ、無制限の補給を受けることができるのなら、三カ月間支援し続けることができる[46]。この任務はアンダーセン基地から台湾空域の移動に三・五時間を必要とし、同空域に一・二五時間留まり、復路にもう三・五時間を要する[47]。ゴン氏の計算では、二四時間体制の戦闘空中哨戒（combat air patrol：CAP）では僅かにF－22、六機が利用できるに過ぎない[48]（また、ゴン氏の見積もりによれば、嘉手納基地の航空部隊なら、台湾に距離的に近い強みとそれ故に必要な移動時間がかなり短縮されることから、台湾上空での戦闘空中哨戒時間はおよそ二倍の長さにできる[49]）。

他方、中国空軍はSu－27フランカー二七一機を保有し、二〇一五年までに、Su－27、Su－3、J－1などの先進的な第四世代の戦闘機を三九七機保有することとなる。また、中国海軍はフランカーを七一機保有することとなる。(50) 米国防総省は既に台湾に給油なしで作戦行動を行える航続距離内に約四九〇機の中国戦闘機が配備されていると報告している。(51)

フランカーの作戦行動半径は最長一六三〇キロメートルであり、これは中国本土から給油なしで台湾との往復飛行とその上空での戦闘行動に十分である。このことは、台湾から九三〇キロメートル以内にある軍民共用の飛行場を含め、中国本土深くにある航空基地からでさえ台湾の領空に侵入することができることを意味する。(52) Su－27の飛行隊は、一二ある地域航空基地から運用され、毎日六九〇機分の出撃回数、つまり、二四時間体制で戦闘空中哨戒に当たる航空機三六機を維持できる。(53) この数字は米国のF－22を六倍の多さで勝っている。

F－22は六発の有視界外（beyond-visual-range：BVR）発展型先進中距離空対空ミサイル（advanced-medium-range air-to-air missiles：ARAAMs）と二発の統合直接攻撃弾（joint direct attack munitions：JDAMS）または機内の格納庫に八発の誘導爆弾ユニット（guided bomb unit：GBU）小直径爆弾を搭載した場合にだけ、レーダーに移らず、優位性を有する。(54) 三六機のフランカーに対して六機のF－22を以って臨んだ時、(55) 米空軍は長距離での比較的互角の交戦で台湾上空の制空権を辛うじて保つことができるであろう。しかし、もし著しく数で凌駕されることとなれば、出撃の飛行作戦は二九〇〇キロメートル離れたグアム島から行うこととなるため、この制空権は維持できないであろう。(56) この判断は、中国側がF－22の搭載する有視界外中距離空対空ミサイルを使い尽くすように囮や旧式戦闘機を用いれば、特によく当てはまる。F－22を直接脅かす一方、中国はさらに二つ以上の大編隊を出撃させ、諜報・監視・偵察機、早期空中警戒管制機（AWACS）や空中給油機等の米空軍が保有する戦力を発揮させる支援手段を攻撃させることもできる。[57] その結果として、米空軍の航空戦力は台湾を中心とした戦域から追い出されるかもしれない。

3 「エアシー・バトル」構想の限界と含意

今日、米国と中国は小さな紛争には安全に取り組めるようになっているという意味で「安定・不安定のパラドックス」に直面している。核戦争を回避するためには、どちらの国も大きく、あからさまで、全面的な紛争を始めることはできないし、小さく間接的な紛争を大きな紛争にエスカレートするのを認めるわけにはいかない。こうしたダイナミックスを踏まえると、台湾有事は大きな核戦争にエスカレートすることなく、通常戦力の次元では安全に戦えるであろう。

「エアシー・バトル」構想はそれが米国に有利な米中間の軍事力の不均衡を維持するのに助けになり、急速に増大する「接近阻止・領域拒否」能力を有する中国を抑止する限り擁護できる。同構想は必然的に通常戦力の次元で紛争を拡大させる反撃を伴うが、米中間の紛争は全面的な核戦争に決してエスカレートしないと想定している。また、米国は通常戦力で優位を維持し、したがって中国に対して核兵器で反撃する必要がないと想定している。同時に、同構想は中国が核超大国である米国に対して最小限核抑止力を有するとの自信をもっていると想定している。

これらの想定が成り立たなくなれば、抑止力が機能すると捉える楽観論はかならず行き詰るであろう。中国は米国の通常戦力や核戦力による報復攻撃の蓋然性が高くとも、台湾に対して軍事的冒険を冒すかもしれない。さらに具体的に言えば、中国による「接近阻止・領域拒否」手段の使用は紛争の地理的範囲を広げ、紛争の烈度と破壊的性格を増大する水平的及び垂直的エスカレーションの危険を冒すこととなるであろう。中国軍の対衛星攻撃システムと同様、中国本土奥深くの攻撃目標に対する米軍の遠隔からの攻撃は中国に紛争をエスカレートさせることとなるかもしれない。

米国のジレンマは台湾が台頭する中国に近く、相対的に凋落しつつある米国から遠いという東アジア・西太平洋地域の地理的非対称性に内在している(58)。中国に対して台湾の安全を保障する米国の能力にはますます疑わしくなっている。

通常兵器によるエスカレーションに対する反撃が不十分な時には、米国は拒否に基づく抑止から必然的に核報復を伴う罰に基づく抑止に転じなければならない。したがって、中国の増大する「接近阻止・領域拒否」能力は、たとえ米中間の紛争がありそうになくとも、この能力の存在がリスクを冒す中国に対して米国に報復するのを躊躇《ちゅうちょ》させることになるから、重要である。米国はエスカレーションかそれとも非関与か、困難な二つの選択肢から選ばざるをえなくなる。米国は敢えて報復するのではなく、引き下がるかもしれない。

万一、米国が圧倒的な軍事力を保有していても、中国は必ずしも米国に屈せず、両国をエスカレーションの悪循環に陥れるかもしれない。確かに、米国は必要であれば、全面的な報復を行うコミットメントと準備があるとシグナルを送るために、宣言的政策や戦力拡張によってエスカレーションの力学を形成しようと試みることはできる。しかし、米国の介入を防ぐための中国による直接的な抑止と米国の台湾に対する拡大抑止の間には、つまり米国と中国に間には動機と決意の強さに差異がある。

台湾は米国にとっても米国の国益にとっても何ら本質的には価値がない一方、中国にとっては実質的にも象徴的にも重要である。二〇〇五年に或る中国の将軍は「米国は台北よりもロサンゼルスの方を気にかけている」と語った[59]。今後、実際米国が同盟国を防衛するために危険を冒すかどうかは分からない（台湾の戦略的、イデオロギー的な絶対価値を重視すべきだと議論することは可能である。しかし、本章で論じたように、一定の戦略的条件、作戦上の条件の下では、台湾防衛のコストは到底割に合わないほど高く、事実上不可能である。端的に言えば、米国がロサンゼルスよりも台北のほうをより気にかけているとはほとんど想定できない）。あるいは、米国は東アジア地域の同盟国による信頼性を維持するためにこの地域の周辺部で戦うことはできる。そのことは恐らく間違いなくグローバルな覇権国の核心的利益の一部である。死活的な国益が危うくなっていなければ、米国の拡大核抑止は、中国の第二撃核報復戦力が破壊されずに済むようになればなるほど、ますます信頼性を失っていくであろう。中国の第二撃力の生存可能性は、例えば、移動式の大陸間弾道ミサイル、潜水艦発射弾道ミサイル、複数個別誘導再突入機（multiple independently targetable reentry vehicles: MIRVs）弾道ミサイル、突入補助を用いて米国のミサイル防衛を打ち負かせば、かなり強化される。

一旦、「接近阻止・領域拒否」と対「接近阻止・領域拒否」の力学が作用し始めれば、中国は、日本や韓国を紛争に引き摺り込む一方、恐らくグアム島にある米軍基地やハワイにある米軍さえも攻撃することになるだろう。万一日本が米国の「核の傘」が大部分有効であるけれども穴が開いていると捉えたとしたら、米国は、日本が信頼できる第二撃核報復戦力や領域防衛や海上交通路防衛のための補完的な戦力を保有するのを促進するかあるいは少なくとも黙認せねばならない。日米両国は日本における米軍基地のプレゼンスを継続しつつ、その規模を縮小することを選ぶかもしれない。さらに、万一日米両国が米国の「核の傘」は有効ではなく、日本が中国の勢力下に置かれることを望ましくないと考えれば、両国は日本を戦略的に自立した大国とさえするであろう。

したがって、日本の観点からすると、「エアシー・バトル」構想はこの構想が中国の侵略を上手く抑止するかぎり、機能しているといえる。それは、米国が同構想に基づいて有効な戦力を構築できるか、さらに中国がそう認識するかにかかっている。そうでなければ、米国は「エアシー・バトル」構想に基づく台湾を巡る戦争を核戦争にエスカレートさせることを余儀なくさせられるであろう。そして、それは非常に情勢を不安定化させるし、潜在的には米国国土を荒廃させることになるかもしれない。「エアシー・バトル」構想が中国の「接近阻止・領域拒否」に焦点を合わせた非常に積極的な軍備増強に対する米国の反応であり、その逆ではないことを踏まえると、地域の安全保障環境は直ぐには変化しそうにはない。実際問題として、その結果は米国が直面する財政上の実現可能性の問題に帰することとなり、今や現在進行中の強制歳出削減の下でますます深刻な問題となっている。米国が戦略的安定性を低下させないアプローチや選択肢を見出さない限り[60]、日本は起こりうる台湾有事に関連して「エアシー・バトル」構想の抑止効果を強化するようにその防衛政策を連携させざるをえない。

4　米日台への政策提言

少なくとも中長期的には、或る国家の国防費と軍事力の間には高い正の相関関係が存在する。確かに、個別具体的な軍事能力は様々な技術的、組織的、ドクトリン上の洗練レベルに応じて変化するが、武器や要員に投資する財政負担能力はその国の中長期的な軍事力に関する大ざっぱなマクロ指標となる。

以下に示す、楽観的、現実的、悲観的シナリオは米国が直面するであろう限定的、中程度、大規模な国防費削減に応じて各々策定した。この三つのシナリオは必然的に武器や要員への投資に対して結果的にもたらす異なる程度の財政上の制約を伴う。既に本章で論じたように、楽観的シナリオは向こう一〇年間で三八二〇億ドルの国防費削減を、現実的シナリオは五〇二〇億ドルから六六五〇億ドルの削減を、悲観的シナリオは八二二〇億ドルの削減を想定している。二〇一四年度の「国防計画見直し（QDR）」は上記の現実的シナリオの下限の削減額と一致している。

したがって、日本は軍事政策において米国及び台湾と連携する必要がある。日本が憲法上の制約に拘束されていること、台湾が国際法上、国家としての地位を有しておらず、それゆえ、国際法における公式の同盟関係を有していないことから、これら三カ国はお互い公式には軍事的に協力、協働することができない。とはいえ、台湾は単なる客体ではない。事実上の政治実体としての台湾の生存、とりわけその相当長い期間に亘り中国に屈服しない軍事的抵抗能力は東シナ海、南シナ海、そして西太平洋における制空権と制海権にとって不可欠である。台湾はこの戦域における米国の優位の維持と、アラビア湾からの石油と天然ガスの輸入を含め、日本の貿易に必須で南方に伸びる海上交通路に欠くことができない。

(1) 楽観的シナリオ

① 米　国

米国は自国に有利な地域の軍事バランスを保持するかぎり、中国の「接近阻止・領域拒否」に対抗するために、消極的及び積極的防衛手段を採らねばならない。このシナリオは、米国がその覇権を何らかの方法で再活性化する場合、中国の台頭が相当減速した場合――どちらも現時点ではありえそうにないが――を含んでいる。こうした対抗手段はコストの点で安い。

米国の優先順位は嘉手納空軍基地にある一〇八機のF－15と山口県の米海兵隊岩国基地にあるF／A－18、三六機のために十分な強度を有した掩体の建設に置かねばならない

② 日　本

優先順位は軍民両用那覇空港にある航空自衛隊那覇基地の掩体等、防衛設備強化に置くのではなく、むしろ航空自衛隊機を沖縄列島にある民間空港数か所に分散させることに置くべきである。これらの民間空港は日本本土の航空自衛隊機の増援部隊を収容できる。

③ 台　湾

第一に、台湾は戦略的及び戦術的早期警戒能力を一層強化することによって中国の様々な「接近阻止・領域拒否」手段の潜在的効果を相当減ぜねばならない。これは、非常に短い警告時間であっても、台湾はヘリコプターを予《あらかじ》め防衛設備が強化された場所に分散できるし、一定の数の固定翼機を主要な空軍基地から高速道路へ移動させることができるからである。

第二に、台湾はカモフラージュ、隠蔽《いんぺい》、欺瞞《ぎまん》などの消極的防衛手段を一層採らねばならず、地対空ミサイル、電子戦対策、対電子戦対策などの積極的防衛手段を強化せねばならない。

第三に、台湾は精密誘導兵器、小爆発体搭載兵器、誘導兵器に対して自国の航空戦力を温存することをさらに重視せねばならない。このため、台湾は空軍基地により多くの強化掩体と花蓮や台東に既に建設されているもののように、山脈に地下格納庫、そして高い冗長性と再構築容易性を有する指揮・統制システム、航空燃料の地下貯蓄設備、地下付設の配油システム、地対空ミサイル用レーダー、発射機、十分防護されたミサイル用有事備蓄用倉庫を建設しなければならない(61)。これらの手段は中国のミサイルの在庫を使い果たさせるのに役立つ。

(2) 現実的シナリオ

① 米　国

米国は中国の着実に増強されつつあり、性能が改善されつつある「接近阻止・領域拒否」能力に対抗する通常戦力において戦力対戦力での攻撃手段を施し、水平的及び垂直的エスカレーションのリスクを避けねばならない。このアプローチは米国が有利な軍事バランスを享受している限り妥当である。

米国にとってグアム島のアンダーセン基地のみに依存するシナリオでは、この地域で中国空軍と航空機の数で匹敵するのは困難であるから、米国は航空機の総出撃回数を増やすか否かに関わらず、攻撃準備備滞空中の弾倉内ミサイル数を劇的に増加させ、それによって戦闘に勝利する航空戦力を保有せねばならない。しかし、米国は戦術的優位としてのステルス性を奪うことから、F－22に外装で武装してはならない。そのかわり、F－22を用いてF－18やF－15などの古い旧式の航空機とともに共同照準を行わねばならない。F－22はデータリンクを介して旧式航空機に中国空軍機に対してミサイルの照準を合わせ発射する指令を送ることができる。これは、アンダーセン空軍基地の北西用地の開発を中心に同基地の航空機収容力を増大させ、F－22に加えて最大限のF－15を駐機・配備することによって可能となる。

あるいは、ゴン氏が提案するように、米国はレーダーに映る機影がB－51の五分の一のB－1戦略爆撃機を改装して多数の有視界外ミサイルを搭載させることができる[62]。B－1はステルス機ではないが、レーダーに映りにくい制空爆撃機となりうる。B－1は有効射程距離が三四三キロメートルのロシアのヴィンペルR－37や有効射程距離が四五七キロメートルのノヴァターR－172と同様の長距離射程ミサイルで武装した中国空軍機にも脆弱ではない。これは、B－1の回転半径二二キロメートルであり、有効射程四八一キロメートルの搭載された打ち放しの有視界外ミサイルであれば、B－1に敵フランカーから発射されたミサイルの届かないところからの攻撃を行い、一気に逃げることを可能とする[63]。B－1の働きは、ロシアのミサイルに類似する二段階式のミサイル、つまり亜音速の巡航ミサイルと終末段階の超音速ミサイルの組み合わせを用いることで著しく改善されるであろう[64]。媒介変数分析を用いて、ゴン氏は打ち放しの空対空ミサイルの有効射程が三七〇キロメートルから五五六キロメートルであるとすると、総計で六機のＦ－22と二機のＢ－１で九六発から一二四発の有視界外ミサイルを搭載できると計算している。(65)

②日本

西太平洋の日本領の孤島、硫黄島にあり、航空自衛隊と海上自衛隊が共同で使用している航空基地は、アンダーセン基地のみを念頭に置いたシナリオと同じ論理に従ってさらに発展させることができよう。しかし、その地勢的特徴のために、同島は燃料や補給物資を運び込む船荷積下港の設備のある港湾もない。

その代わり、航空自衛隊の戦闘機は日米同盟に基づいてローテーション配備の形で拡張された後のアンダーセン基地の一部やテニアン島など、マリアナ諸島にある飛行場を使用することもできよう。(66)

また、自衛隊は中国の部隊が尖閣諸島を侵略した場合を想定し、同諸島を奪還する作戦計画を策定したとの最近の報道に示されているように、(67)日本は台湾有事の一部または独自の紛争として小規模な尖閣有事にも対処せねばならないだろう。(68)本章は既に台湾防衛と日本防衛、特に沖縄防衛に必要な戦力には高い正の相関関係があることを示した。そのどちらにも在沖縄の米軍基地は決定的に重要な役割を演じるであろう。既に、米国は日本を助け中国の侵略に対して尖閣諸島を防衛することを要求する日米安保条約第五条を順守する旨公式に声明を出した。したがって、日本は尖閣有事での日中の戦闘に米国が参戦するまで、限定的な上陸強襲能力や「エアシー・バトル」構想を模した空海統合戦力など、中国の侵略部隊に抵抗するに十分な軍事能力を保有せねばならないであろう。(69)

③ 台　湾

台湾は防護されていない空軍基地に駐機してある航空機や支援施設を含め、中国本土の軍事目標に対して、移動式の輸送起立発射機搭載の長距離射程ミサイルによる限定的な攻撃能力を保有せねばならないだろう。この方法が、中国自身が米国に対して選択したように、中国の「接近阻止・領域拒否」能力に対する最も費用対効果の高い攻撃の選択肢である。このことは、台湾は先進的な航空機や海軍艦艇など、高価なハイテクのプラットフォームにさらに投資すべきではないことを意味している。

(3) 悲観的シナリオ

① 米　国

仮に著しく中国に有利な通常兵器次元での軍事バランスが出現すれば、米軍機を相当なリスクを冒すことなく、強固に防空が施された中国の領空に侵入させたり、米空母を中国近海に派遣するのは大変困難となる。米国はまた現在そうであるように、移動式のミサイル輸送起立発射機など、短時間で移動する重要な攻撃目標や中国大陸の深くに位置する重要な攻撃目標に対して迅速な非核の攻撃能力を欠いているであろう。万一そのような能力を持っているとしても、米国は中国との強烈度の戦争において平時の精密誘導兵器の在庫を直ぐに使い果たしてしまうであろう。

オーバーキャシュ氏の議論によれば、米国は、積極防衛が中国本土上空の制空権を確保することと中国によるミサイルの一斉射撃によって容易に圧倒される弾道ミサイル防衛に頼っていることから、重い兵站補給を必要とする積極防衛を放棄するか縮小すべきである。その代わり、米国は制海権確保と戦闘ネットワークやレーダー等のセンサー機能強化(70)、中国の弾道ミサイルの命中精度を最小化させる拒否・欺瞞《ぎまん》技術の使用、台湾を中心とした戦域における地対空・対巡航ミサイル・兵器の強化にさらに集中すべきであろう。

あるいは、米国は中国空軍の出撃送出能力を低下させるよう通常兵器での攻撃能力増強に焦点を当てざるを得なくなるであろう。このことは必然的に航空機だけでなく滑走路、燃料、整備を含め航空基地インフラ施設、そしてレーダーや宇宙関連施設や弾道ミサイル関連施設に対する攻撃作戦など、中国の航空基地に対する反撃を伴う。これらの攻撃目標に対しては、米国はトマホーク対地攻撃巡航ミサイルではなく、ステルス性を有し打ち放しで発射できる統合長距離空対地ミサイル（joint long-range air-to-surface standoff missiles：JASSMs）を搭載したF－22かB－1を用いることができるであろう。また、米国は南京軍管区や広州軍管区の航空基地に対して、複数個別誘導再突入機（Multiple Independently-targetable Reentry Vehicle：MIRV）や機動式再突入体（maneuverable reentry vehicle：MaRV）の通常弾頭を搭載し、一九八〇年代欧州に配備されたパーシングⅡ型に類似した新たな準中距離弾道ミサイル数百基を開発、使用することもできるであろう。これらの攻撃はグアム島の米軍基地からもマリアナ諸島の他の島々からも仕掛けることができる(71)。主要なプラットフォームとして、米国は既存のオハイオ級核弾頭搭載巡航ミサイル原潜四隻を、少なくとも二〇二〇年代中葉に退役するまで使用することができるし、バージニア級攻撃原潜を弾頭搭載巡航ミサイル原潜に改造することができる。

しかしながら、もし十分な財源がなければ、米国は以上の通常兵器による対「接近阻止・領域拒否」手段を採ることができず、通常兵器の次元で中国を抑止し、たとえ必要となっても、中国を打ち負かすことはできないであろう。その代わり、米国は核によるエスカレーションの対応か引き下がるか、いずれかに依存せねばならず、覇権戦略とオフショア・バランシング戦略のいずれかの選択を迫られる岐路に直面することとなるだろう。万一米国が引き下がるか、若しくはそうすると認識された場合、日本は米国の「核の傘」が破れ傘となり、その結果、米国の覇権戦略の下でも部分的に抑止力が有効ではないと捉えるであろう。

②日　本

とすれば、日本は通常弾頭搭載の長距離射程の対地攻撃ミサイルを配備する一方、破壊されない最小限の核抑止力を保有することにより「破れ傘」を修繕せざるを余儀なくされるであろう。これは、戦時に戦術核弾頭を日本に移転することを保証する米国との二国間核共有協定や核弾頭の製造技術の移転など、米国の支持があれば、容易に達成することができるであろう。戦術核弾頭は対地攻撃巡航ミサイルに搭載し、海上自衛隊の通常型潜水艦から発射しうる一方、米国は攻撃型原潜若しくは巡航ミサイル原潜を日本に貸与すること、あるいは原潜用小型原子炉の技術を日本に移転することも可能であろう。万一米国が進んでこれらの具体的方策を採らないのであれば、日本は著しく日米同盟への信頼感を失い、最終的には同盟を破棄するであろう。さらにまた、日本はかなりの核戦力を保有して戦略的に自立するか、中国の影響下に入らねばならないであろう。

③台　湾

中国を挑発し米国を疎外するのを避けるため、実際には、台湾には核武装をする選択肢はない。台湾はその屈服を実現しようと狙う中国の直接侵攻に対する十分な軍事力を保有せねばならない。とはいえ、中国海軍はあからさまな侵攻を実行するために十分な海上輸送力と強襲上陸戦力を保有していない。したがって、適正に防衛を準備すれば、台湾は中国の侵攻に有効に抵抗できるであろう。中国海軍の上陸強襲用の輸送艦隊は台湾侵攻に必要な規模に比してお粗末であり続けるであろう。緒戦の一〇日から二〇日にシェラパク氏が思い描く一〇〇隻の上陸強襲部隊は僅かに三万一〇〇〇人の兵力しか輸送できないであろう(72)。

台湾は友軍の制空権がない条件の下でも、程よく強固な多層的な防衛を構築する必要があり、①長距離射程の統合長距離空対地ミサイル（JASSMs)、雄風のような対艦ミサイル、海上、空中、海岸から発射される対艦ミサイル、②機雷、③ヘルファイアのようなヘリコプター搭載の短距離ミサイル、強襲上陸艦艇に対する固定型及び移動型ミサイル発射装置、⑤大砲、ロケット、対戦車迫撃砲、発射筒発射型、光ケーブル追尾型、有線データリンク指揮式（tube-launched, optically-tracked, wire command data link, guided missile：TOWs）誘導ミサイルに対してより多くの投資を行わねばならないだろう。

現時点においては、一般的には東アジア地域の力関係、そして、とりわけ軍事バランスが急激に中国にとって有利に変化しそうにはないことから、現実的シナリオが最も妥当なように思える。しかし、徐々に深まるグローバル市場経済、米国経済、米国の国家財政の状態の不確実性を踏まえると悲観的シナリオも完全には排除できない(73)。

（註）

（1）See, Department of Defense, *The Quadrennial Defense Review of 2014*.

（2）Jan van Tol, *et.al., AirSea Battle: A Point-of-Depature Operational Concept*, Center of Strategic and Budgetary Assessments, 2010, http://www.csbaonline.org/publications/2010/05/airsea-battle-concept/, accessed on July 7. 2014. この報告書によれば、「エアシー・バトル」構想は「西太平洋全域に安定的で有利な通常戦力での軍事バランスを確保するための作戦運用レベルでの諸条件を整えることを役立つ」（xi頁）。他方、同構想は「中国人民解放軍の軍事力の撃退」も「中国の封じ込め」も目的とするものではない（x頁）。同構想は冷戦時代、欧州大陸戦域においてソ連の軍事力が有していた量的優勢を凌駕するために考案された「エアランド・バトル」構想を模している（七頁～八頁）。

（3）Van Tol, *Ibid.*

（4）Department of Defense Air Sea Battle Office, *Air-Sea Battle: Service Collaboration to Address Anti-Access & Area Denial Challenge*, 2013. http://www.defense.gov/pubs/asb-ConceptImplementation-Summary-May-2013.pdf, accessed on May 7, 2014.

（5）米海軍の海洋戦略については、例えば次の文書を参照せよ。Department of Navy, Marine Corps, and Coast Guard, *A Cooperative Strategy of 21st Century Seapower*, October 2007, and Department of Navy, *Naval Operations Concept 2010*, 2010.

（6）二〇一四年七月一日、安倍政権は米国との新たな「日米防衛協力のためのガイドライン」を策定するために必要であると考え、限定的な集団的自衛権の行使を合憲とするよう、従来からの第九条の解釈を変更した。しかし、この解釈変更では、台湾有事に際して、自衛隊が米軍と合同攻撃同作戦を行うことは事実上不可能であろう。政権は改憲を国家的な課題として設定しつつある。安倍総理大臣記者会見、二〇一四年七月一日、http://www.kantei.go.jp/jp/96_abe/statement/2014/0701kaiken.html, 二〇一四年八月一六日アクセス。

（7）Roger Cliff, Mark Burkles, Michael S. Chase, Derek Eaton, and Kevin L. Pollpeter, ***Entering the Dragon's Lair: Chinese Strategies and Their Implications for the United States***, Santa Monica: RAND, 2007, pp.18-23.

（8）Mao Tse-tung, ***On Protracted War***, University Press of the Pacific, 2001.

（9）Roger Cliff, "Anti-Access Measures in Chinese Defense Strategy," a testimony presented before the U.S.-China Economic and Security Review Commission on January 27, 2011, http://www.rand.org/pubs/testimonies/CT354.html, accessed: June 30, 2012.

（10）米中戦争の可能性が低いという見通しは、仮に台湾の国内政治が独立志向あるいは統一の完全な拒否になっていけば、著しく変化するであろう。

（11）米国防総省は「接近阻止」を「敵軍部隊が当該戦域に入ることを阻止するよう図られた、通常、長距離の作戦行動と戦力」であると定義している。また、「領域拒否」を「敵軍部隊を当該戦域に排除するのではなく、行動の自由を制限するよう図られた、通常、短距離の作戦行動と戦力」であると定義される。Department of Defense, ***Joint Operational Access Concept***, January12, 2012, p. i.

（12）Cliff, ***et.al, Entering the Dragon's Lair, op.cit***, pp. 89-93.

（13）Andrew S. Erickson and David D. Yang, "Using the Land to Control the Sea: Chinese Analysts consider the Antiship Ballistic Missile", ***Naval War College Review***, Vol. 62, No. 4, 2009, p. 55.

（14）Thomas G. Mahnken, "China's Anti-Access Strategy in Historical and Theoretical Perspective," ***Journal of Strategic Studies***, Vol. 34, No. 3, 2011, pp. 17-320.

（15）Cliff, ***et.al, Entering the Dragon's Lair, op.cit,*** p. 17.

（16）U.S. Department of Defense, *Annual Report to China: Military Power of the People's Republic of China*, and, *Annual Report to Congress: Military and Security Developments Involving the People's Republic of China*, various years. 短距離弾道ミサイル（SRBM）とは、射程一〇〇〇キロメートル以下のものであり、準中距離弾道ミサイルとは、射程一〇〇〇キロメートルから射程三〇〇〇キロメートル以下のものであり、中距離弾道ミサイルとは、射程三〇〇〇キロメートルから射程五〇〇〇キロメートルのものである。

（17）*Annual Report to Congress*…, *2012*, *op.cit*, p. ii.

（18）*Annual Report to Congress* …, *2010*, *op.cit*.

（19）*Annual Report to Congress* …, *2009*, *Ibid*; van Tol, Jan, *op.cit*, p. 37.

（20）David A. Shlapak, *et.al*, *A Question of Balance: Political Context and Military Aspects of the China-Taiwan Dispute*, Santa Monica, RAND, 2009, p. 78.

（21）Shlapak, *et.al*, *Ibid*, p. 51.

（22）Stephen Gons, "Access Challenges and Implications for Airpower in the Western Pacific," PhD diss., Pardee RAND Graduate School, 2010, p. 64.

（23）*Ibid*, p. 70.

（24）Shlapak, *et.al.*, *op.cit*, p. 55; The DoD estimated that between 50 and 250 DH-10 were already deployed. See, *Annual Report to Congress* …, 2008, *op.cit.*, p. 56.

（25）Shlapak, *et.al.*, *op.cit*, p. 74.

（26）*Ibid*, p. 64.

（27）*Annual Report to Congress* …, 2011, p. 76.

(28) 確かに、中国は明らかに原子力推進機関がうまく機能してない漢級攻撃型原潜を五隻と一度も戦略核抑止力としては哨戒活動を行ったことがない夏級戦略ミサイル原子力潜水艦を一隻保有している。詳しくは以下を参照。<http://www.globalsecurity.org>.

(29) *Annual Report to Congress* …, 2012, *op.cit*, p. 23.

(30) Christopher Layne, *The Peace of Illusion: American Grand Strategy from 1940 to the Present*, Ithaca, Cornell University Press, 2006, pp. 159-160.

(31) *Ibid*, p. 160.

(32) www.gwu.edu/~nsarchiv/nukevault/ebb245/doc04.pdf, accessed: May 24, 2013.

(33) Layne, *Ibid*, p. 6.

(34) The U.S. Department of Defense, *Sustaining U.S. Global Leadership: Priority For 21st Century Defense*, 2012.

(35) David W. Barno, Nora Bensahel, and Travis Sharp, *Hard Choices: Responsible Defense in an Age of Austerity*, Washington, D.C.: Center for a New American Century, 2011, pp. 13-14.

(36) *Ibid*, pp. 15-17.

(37) *Ibid*, pp. 17-19.

(38) *Ibid*, pp. 20-22.

(39) 元幹部外交官であった宮家邦彦氏によれば、米国が軍部隊の配備においてアジアに優先順位を置いているというのは現実を反映しておらず、主としてシンボリックで誇張的な表現である。また、同氏が指摘するところによれば、最近、米国が二〇二〇年までに保有する艦船の六〇%を太平洋に配備すると発表したにも関わらず、既に二〇一〇年~二〇一一年で、米海軍は保有する空母と強襲上陸艦の三分の二を太平洋とインド洋に配備していた。『産経新聞』二〇一二年六月一四日。

(40) van Tol, *et.al., op.cit*, p. xi.

(41) ファン・トールは次のように「エアシー・バトル」構想を要約する。第一段階では、この構想は四つの種別される作戦上の方針がある。つまり、(1)緒戦の攻撃に耐え米軍や同盟国の部隊と基地に対する損害を限定すること、(2)人民解放軍の戦闘用の情報・ネットワークを麻痺させる軍事行動を実行すること、(3)人民解放軍の長射程の諜報・監視・偵察システムと攻撃システムを鎮圧する軍事行動を実行すること、(4)海、空、宇宙空間、サイバースペースにおいて主導権を維持し、実際に取ること。See, van Tol, ***op.cit.***, p. xiii.

(42) Marshall Hoyler, "China's 'ANTIACCESS' Ballistic Missiles and U.S. Active Defense," *Naval War College Review, Vol.63*, No. 4, Autumn 2010.

(43) Shlapk, *et.al., op.cit*, p. 127.

(44) *Ibid*, p. 130.

(45) Gons, *Ibid*, p. 81.

(46) *Ibid*, p. 82.

(47) *Ibid*, p. 83.

(48) *Ibid*, p. 84.

(49) *Ibid*, p. 92.

(50) *Ibid*, p. 85.

(51) *Annual Report to Congress* …, 2012, p. 24.

(52) Gons, *op.cit*, pp. 84-85.

(53) *Ibid*, p. 91.

(54) 最新式のレーダーを搭載したフランカーはレーダーに映らない航空機を探知することができ、米空軍部隊の優勢を削ぐ。See, *Ibid*, p. 97.

(55) 確かに、これは最初の交戦が六機のF−22で行われることを想定している。仮にこの数字が多ければ、二四時間体制で戦闘空中哨戒（CAP）を維持できない。

(56) *Ibid*, p. 95.

(57) *Ibid*, p. 104.

(58) 一九六二年のキューバ・ミサイル危機と台湾有事には共通点がある。キューバの首都ハバナはマイアミから約三八〇キロメートルであるが、モスクワからはおよそ九六〇〇キロメートルも離れている。この危機では、カリブ海における米国の優越はキューバに通常戦力の次元で脅威を及ぼしたが、ソ連は核戦力による脅威でしかその脅威を相殺できなかった。ソ連の前哨基地としてのキューバの安全保障はキューバに対して拡大核抑止を及ぼすとのソ連政府の言質の有効性に依拠していた。究極的には、キューバの安全保障はその安全保障上の利益を擁護するためには、核戦争による大災禍の危険を冒すことを辞さないというソ連の強い意向に依存していた。もし中国の軍事力が増大しつづければ、米国は台湾戦域においてますます信頼性が落ちていく通常戦力による抑止に依存することはできなくなり、さらに破壊力を有する通常兵器、戦術核兵器、究極的には、戦略核兵器を伴うさらに一般的な拡大抑止にのみ依存せざるをえなくなる。See, Shlapak, *et.al.*, *op.cit*, p. 146.

(59) Patrick Tyler, "As China Threatens Taiwan, It Makes Sure U.S. Listens," *New York Times*, January 24, 1996.

(60) 本章は「エアシー・バトル」構想の評価以上のものではない。同構想と「リバランス／ピボット」や

「オフショア・コントロール」の比較分析、とりわけ三つ競合するアプローチのどれが日米両国にとって最も妥当なものであるかは、本章の分析範囲を逸脱している。For "rebalance", Phillips C. Saunders, "The Rebalance to Asia: U.S.-China Relations and Regional Security," *Strategic Forums*, Washington, D.C.: National Defense University, No. 281, August 2013. For "offshore control," T.X. Hammes, "Offshore Control: A Proposed Strategy for an Unlikely Conflict," *Strategic Forum*, No. 278, June 2012.

(61) Shlapak, *et.al., op.cit*, p. 128.

(62) Gons, *op.cit*, p. 134. 米空軍の対地攻撃能力は冷戦終結後の一時点で衰退してしまった。歴史的には、米空軍は戦闘機と爆撃機の間で二対一の支出配分を行ってきたが、二〇〇二年以降、その比率は三〇対一となってしまった。See, *Ibid*, p. 79.

(63) *Ibid*, p. 137.

(64) *Ibid*, p. 146.

(65) *Ibid*, p. 152.

(66) 日米両国は自衛隊と米海兵隊の合同訓練のためにフィリピンにある基地の使用を模索した。『産経新聞』二〇一二年四月二八日。

(67) 『産経新聞』二〇一二年五月九日。

(68) 柴山太氏は、中国の「接近阻止・領域拒否」の作戦論理を踏まえれば、日本は沖縄本島有事のシナリオに優先順位を置かねばならないと主張する。また同氏は、作戦上の成功、エスカレーションの危険、中国にとって期待される軍事的結果、中国にとっての国内政治的出口の有無、中国にとっての外交的出口の観点から、六つの有事シナリオ(①台湾有事、②尖閣有事、③八重山・宮古諸島有事、④沖縄本島有事、⑤南シナ海有事、⑥空戦有事)を比較対照している。柴山氏の判断では、少なくとも沖縄有事シナリオの緒戦においては、中国は、完全に優勢でありうるし、国内政治的出口と外交的出口を見いだしうるであろうことから、十中八九とはいかなくとも、エスカレーションの重大なリスクを冒すことなく完全に優勢であり、多分戦闘に勝つと予測されている。柴山太「米中パワー・トランジッションと日本のハード・パワー」『国際安全保障』三九巻四号、二〇一二年。

（69）尖閣有事シナリオでは、日本は、米軍が全面的な反撃を準備するため、一時的に当該戦域から撤退している相当な期間、単独で中国の侵略に対処する作戦計画を策定せねばならない（本書第1章及び第7章を参照）。布施氏は、徹底した自衛隊の縮小再編成を通じて、必要な財源を確保することによって、さらに劇的な自衛隊の対「接近阻止・領域拒否」能力の増強を提案している。布施哲「対中アクセス拒否戦略——新たな対中防衛戦略のあり方を目指して」『国際安全保障』第三九巻三号、二〇一一年。

（70）David M. Overcash, "Through the Lens of Operational Art: Countering People's Republic of China (PRC) Aggression in a Limited Conflict Using Innovative Ways and Cost-Effective Means to Offset PRC Anti-Access Area Denial（A2AD）Capabilities," a paper submitted to the Faculty of National War College in partial satisfaction of the requirements of the Joint Military Operations Department, October 25, 2010, p. 7.

（71）Shlapak, *et.al.*, *op.cit*, p. 133.

（72）See, Department of Defense, *The Quadrennial Defense Review of 2014*.

（73）わが国では、徹底した米国防費の削減はかなり可能性が高いとますます認識されている。『日本経済新聞』二〇一二年六月一六日。『産経新聞』二〇一二年六月二〇日。

第4章　錯綜するオバマ政権の対中戦略論

近年急速に台頭する中国に対して、相対的に凋落する米国はいかに覇権を維持するかについて戦略の構築を迫られている。しかし、中国が近年の経済成長を背景に急速に軍拡を進める一方、米国は二〇〇八年秋のリーマン・ショック以降、自国経済に構造的問題を抱え、実際、本格的に強制歳出削減（sequestration）が課されれば、[1] 向こう一〇年間で少なくとも日本円にして五〇兆円強の国防費の削減を迫られることとなり、軍拡によって中国を圧倒できそうにない。また、中国は既に米国主導の国際経済システムに深く組み込まれ、最大の米国債保有国になるなど、米中間には高い相互依存が存在することから、ソ連のように封じ込めるには遅きに失している。

その結果、オバマ政権は有効な対中戦略を構築できず、議論は錯綜している。この点に関して、本書著者は二〇一三年夏、米国防総省傘下の国防大学（ＮＤＵ）国家戦略研究所（ＩＮＳＳ）戦略研究センター（ＣＳＲ）に客員研究員として所属した際、同研究所の主要な研究者と討論を行った。その際、取り上げた代表的な三つの方策は、①「リバランス（Rebalance）／アジア・ピボット（Pivot to Asia）」、②「エアシー・バトル（Air-Sea Battle）」、③「オフショア・コントロール（Offshore

Control)」である。①と③に関しては、ＩＮＳＳから論文が出されおり、また当然②に関しては賛否両論の観点から議論も盛んであった。ここでは、これら三つを詳しく比較分析することで、米国における対中戦略論の錯綜振りを明らかにする。またそうすることで、わが国にとってどの程度米国が頼りになるか考察してみたい。

国防大学は米統合参謀本部にその設立を認可された最高軍教育研究機関であり、米軍や米政府、さらには同盟国や友好国の将来の指導者に戦略・軍事・外交面での高度な訓練を与えることを目的にしている。その中でＩＮＳＳは研究機能の中心であり、ＣＳＲは戦略分析での核心である。首都ワシントンＤＣにある官民様々なシンクタンクは外交安全保障政策を研究しており、ＩＮＳＳが特段知的優位を有しているわけではない。といっても、ＩＮＳＳは組織的に軍指導部、国防総省長官官房と密接な関係を有し、その分析や提言は直接、公式のものとして軍事安全保障政策過程にインプットされる。確かに、ここ十数年来、毎年ＣＳＲは防衛省内局から一人（そして、しばしば朝日新聞からもう一人）を連絡窓口として客員研究員を迎えているが、研究者として実質的な研究活動に従事した者は二〇〇二年夏と二〇一三年夏に所属した本書著者以外には寡聞して知らない。そうした意味で、このテーマを論ずるには著者は適任であると自負している。

1　オバマ政権の現状認識と中長期的展望

今後の国際情勢の展望として、二〇一二年の米国家情報会議（NIC）『二〇三〇年　世界はこう変わる（*Global Trends in 2030*）』（邦訳、講談社）が現時点で米国が公式に発表した代表的なものであろう。[2] これは同会議が六省一五機関に及ぶ諜報機関からの情報に基づき、直接オバマ大統領に国際情勢に関する中長期的予測を報告したものである。着眼点には見るべきものが多いが、経済成長の予測が外挿法（過去の統計トレンドを単純に未来に延長する統計的処理法）が中国の将来を過大評価する結果となっている点に難がある（日本を含め過去の諸例では、高度経済成長は早晩終わる）。そ[3]の基本認識は「二〇三〇年までに、米国、中国、その他の強国、何れも覇権国ではないだろう」と、米国の相対的優位を確信しながらも、国際政治の多極化を展望している。

当然、米国の戦略目標はできるだけ覇権国としての自国のパワーと影響力を保持することにある。その最大の障害が中国である。この点、二〇一二年一月に国防総省が防衛戦略として発表した「米国のグローバル・リーダーシップを維持する──二一世紀における優先順位（*Sustaining U.S. Global Leadership: Priorities for the 21st Century*）」とも符合する。[4] 最初にこの観点を明らかにしたのが、ヒラリー・クリントン国務長官（当時）が二〇一一年秋『フォーリン・ポリシー』誌で発表した論考（"America's Pacific Century"）である。この中で、米国の対外政策の重心を中東から東アジアに移す必要性を強調し、「リバランス（Rebalance）／アジア・ピボット（Pivot to Asia）」の概念を提示した。(5)

しかし、米国防当局は総合的軍事力における自国の圧倒的優位を確信しながらも、核兵器、宇宙の軍事的利用（特に、衛星）、サイバー攻撃の面で先制攻撃が有効であり、それ故、これらの分野で先制攻撃能力を有する中国に対して米国は深刻な脆弱性を抱えていると認識している。しかも、これら三分野では先制攻撃の人的、経済的コストが低く、その敷居が低い上に、軍備管理が様々な実際的理由のためにが不可能であり（例えば、検証）、「相互抑止」が作用しない。この点、INSS上級研究員のD・ゴンパートとP・サンダース（兼INSS中国軍事問題研究センター長）の著書、『パワーのパラドックス――脆弱性の時代における米中間の戦略的相互抑制（*The Paradox of Power: Sino-American Strategic Restraint in an Age of Vulnerability*）』（国防大学出版局、二〇一一年）やその要約版『ストラテジック・フォーラム』（二七三号、二〇一一年一月）で詳細に議論されている。(6) 特にサンダースは国防大学出版局からかなり詳細な中国の海軍力と空軍力に関する書籍を各々二〇一一年と二〇一二年に著していることから、「相互抑制」論には注目すべきだろう。(7)

「相互抑制」は従来の「相互抑止」とは異なる。「相互抑止」は互いに報復攻撃のリスクが先制攻撃による利益を超える時に作用する。冷戦時代の「相互確証破壊（MAD）」がその典型であろう。米ソ両国は各々強大な核戦力を保有し、一方が先制攻撃を加えても他方の核戦力を殲滅《せんめつ》できず、必ず他方が報復攻撃を加える。その場合、双方が壊滅的な破壊を被る。他方、「相互抑制」は米中間で核兵器、宇宙の軍事的利用（特に、衛星）、サイバー攻撃の三分野において客観的に「相互抑止」が作用する状況が存在しても、両国がそれを充分認識していない場合、必要となる。つまり、「相互抑制」

は両国間に単に物理的に「報復の脅威が存在しているだけでなく、互いに戦略的紛争を開始しないよう自制することを誓い、その誓いを強化するよう協力する」ことを求める。つまり、「相互抑制」は「相互の善意を想定していないが、相手の敵意に対する恐怖を和らげ、誤算の危険と危機の過程における抑制の崩壊を減じる」。つまり、「戦略的脆弱性に関する共通の課題に関して真摯な対話と理解を要求する」のである。[8]

実際、オバマ政権第一期（二〇〇九年～二〇一三年）は「相互抑制」を確立しようと、G・W・ブッシュ政権時に存在した米中経済対話を拡大・強化して、外交、安全保障、経済分野の閣僚レベルでの米中戦略・経済対話を推進した。当初、R・ゼーリック国務副長官は中国に米国主導の既存国際秩序を支える「責任を果たすステークホルダー（responsible stakeholder）」たれと求めた。[9]

最近、中国は機会主義的に国益を追求する一方、外交的にも軍事的にもその行動はますます粗暴となってきた。また、東シナ海や南シナ海では軍事力を背景に法執行機関の艦船を使用して、実力で国際的現状に挑戦している。今や「相互抑制」構築への期待感は失望感に変わり、再び「相互抑止」に舵を切らねばならなくなったのである。

冒頭に紹介した三つの方策を比較分析する前に、各々を簡単に概観しておこう。

2　三つの方策

(1) 「リバランス」

「リバランス」は9・11以来過度に中東重視で推移してきた米国の外交安全保障政策の重心を経済成長の著しい東アジアに移すこと（＝「アジア・ピボット」）である。ＩＮＳＳのサンダースによれば、「リバランス」は台頭する中国に対抗するという勢力均衡論的な意味で使っておらず、米軍の部隊や機能をアジアにシフトさせるという金融ポートフォリオにおける資産の構成・配分をイメージしている。

サンダースは『ストラテジック・フォーラム』（二八一号、二〇一三年八月）に「アジアへのリバランス――米中関係と地域安全保障」を発表し、[10] クリントン国務長官が提起した概念がその後実際どのように実行されたか、外交、経済、軍事の三分野で詳細に分析した。

先ず外交面では、オバマ政権は国務・国防両長官、国家安全保障担当大統領補佐官を含め、東アジア・西太平洋地区を担当する国家安全保障会議、国務省、国防総省、軍部の上級幹部に頻繁にこの地域に出向かせ関与を強化した。二国間では同盟国や友好国のカウンターパートとの会談、多国間では国際会議に頻繁に参加させ、他の地域と比してこの地域に多大の政治的資本（時間とエネルギー）を投下したと言える。

次に経済面では、米国は中国、東南アジア、アジア・太平洋全域との貿易（輸出・輸入の両面）と直接貿易において飛躍的な成長を遂げ、オバマ政権は十二分な関与を達成したと言える(11)。

最後に安全保障面では、同盟国や友好国との港湾・飛行場施設などアクセス権協定の締結や部隊のローテンション配備などが顕著となったが、サンダースが件の論考を発表した二〇一三年八月時点で部隊や装備の強化は不十分であった（そして、依然として現時点でも不十分である）。また、アジア・太平洋地域における空軍と海軍の能力、さらに特殊部隊、諜報、監視・偵察に対する投資を増す予定だが、この地域で重要な海軍力に関しては、二〇一五年にグアム島に四隻目の攻撃型原潜の配備、二〇二〇年までに駆逐艦が現有五二隻から六二隻となるに伴って欧州から、その配備がアジア・太平洋に六隻シフトされるだけであり、共同演習と軍事外交を通じたネットワーク作りなど、既存兵力の下での防衛態勢の強化に重点が置かれている(12)。

つまり、外交面と経済面に関しては十分に措置を採ったと言えても、安全保障面、特に必要な軍備増強に関してはほとんど全く十分な措置をとっておらず、投資計画についても全く不十分なのである。つまり、真面に国防費削減の煽《あお》りを受けて、できるだけ金の掛からない措置に終始している。この点、「リバランス」を高く評価するサンダースに尋ねると、「確かに、そこが弱点である」と応えた(13)。

(2)「エアシー・バトル」

「エアシー・バトル」は空海の戦力を一体化する戦い方とそのために必要となる装備を明らかにする作戦構想であり、国益実現のための総合的な外交安全保障戦略もしくはそうした戦略と整合性を持たせた形で策定された作戦構想ではない。公式には、中国を対象にしたものはないが、東アジア・西太平洋地域、とりわけ台湾有事へ適用するのを念頭に置いていると思われる。(14)

国防総省は二〇一〇年二月の『四年毎の国防計画見直し(QDR)』で初めて公式に「エアシー・バトル」構想に触れ、(15)その後二〇一三年五月、報告書「エアシー・バトル――接近阻止・領域拒否(A2AD:Anti-Access & Area Denial)を検討する軍種間協働」を発表した。(16)確かに、米軍はグローバルな次元において質量両面で総合的に優位である。しかし、米軍が遠方から特定戦域に対して戦力を投射せねばならない場合、陸上拠点や兵站の確保に著しい制約を被り、地域大国が米国の軍事介入を有効に阻止または排除できる状況がありうる。つまり、接近阻止が「当該戦域への友軍の配備を遅らせる、あるいは、友軍が本来望むよりも遠方から作戦をせざるを得ないようにしようとする行動」、つまり「友軍の移動に影響を及ぼす」ことである一方、領域拒否は「敵が友軍の当該戦域への接近を阻止することができない、あるいは阻止しない場合、敵が友軍の当該戦域における作戦を妨害しようとする行動」である。(17)これができれば、地域大国が当該戦域に米軍部隊の移動や兵站物資の集積を阻む一方、質的には劣る兵器であっても十分な量を保有していれば、特定の戦場で米軍の質的優位を圧倒することはできる。

東アジア・西太平洋地域は地理的に圧倒的に海洋型であり、南西諸島、とりわけ沖縄本島の航空基地（米軍の嘉手納基地、普天間基地、自衛隊の那覇基地）が弾道ミサイル攻撃や爆撃を受け無力化されれば、中国軍にこの地域の制空権を奪われ、米軍は中国軍の領域拒否に有効に対抗できない。さらに、制空権がなければ制海権も維持できないことから（ただし、潜水艦は除く）、米軍は周辺海域に容易に空母機動艦隊を進出させることをできず（接近拒否の一つ）、米航空戦力の投射はグアム島の米空軍アンダーセン基地からとならざるを得ない。既に第3章で詳しくみたように、中国軍は多数の通常弾頭型弾道ミサイルや巡航ミサイルを保有しているだけでなく、三〇〇機を超える四・五世代の戦闘機、さらに多数の旧世代の戦闘機を有している。

「エアシー・バトル」はこうした中国の「接近阻止・領域拒否」を打ち負かすための作戦構想である。それはリアルタイムでの戦術情報の収集・融合・伝達を焦点としたコンピューター通信技術を駆使して、既存の海空の戦力の効率性を顕著に高めることで可能だとされる。当然、中国の湾岸部の軍事拠点（航空基地、ミサイル基地、海軍基地、軍レーダー通信施設）などをミサイルや空爆で徹底的に破壊することを含む。また、米軍は軍事的に有利な先制攻撃を始める形で、通常兵器レベルでの戦闘をエスカレートさせる可能性が大きい。

しかし、こうした展望はこの戦域での米中の戦いが通常兵器だけを使い、衛星を破壊したり、成層圏での核爆発により電磁波を発生させコンピューター情報通信機能・電子機器を麻痺させたり、大規模な核戦争にエスカレートしないことを論理的な前提としている。しかし、実際そうした前提が満たされるかどうか、「エアシー・バトル」構想は関知しない。

（3）「オフショア・コントロール」

「オフショア・コントロール——不測の紛争のために提案された或る一つの戦略」はT・X・ハメスINSS上級研究員が『ストラテジック・フォーラム』（二七八号、二〇一二年六月）で発表し、その中で対中海上通商封鎖の戦略構想を唱えた。[18] ハメスとの面談によれば、[19] その発想はキューバ危機での同島に対する海上封鎖での成功に根差している。ただし、当人は巨大な大陸国家である中国に完全な海上封鎖を科すのは非常に困難であることを充分理解している。また、その焦点は戦略的な物資、とりわけ石油・エネルギーの輸入の遮断には置いていない。というのも、多少コストは上がっても、中国はロシアや中央アジアから代替輸入が可能だからである。

ハメスは中国のGDPの相当な部分が製造業の輸出であることから、通商を遮断すれば中国は音を上げると考える。また、封鎖実行に際して、日本など東アジアの同盟国や友好国の協力を得て、所謂「第一列島線」（東シナ海＋南シナ海＋α）内で行うのが良いとしている。しかし、「経済面、特に貿易で中国に依存する同盟国等の協力が得られない場合はどうするのか」との本書著者の問いに、「西太平洋に引いて、所謂『第二列島線』で米海軍だけで遮断しても実行可能である」と答えた。中国海軍は現在も近未来も遠洋で継続的に大規模な商船艦隊を護衛する能力はないと判断している。

ハメスによれば、「オフショア・コントロール」は米国の財政的制約が厳しくなる今後でも既存の海軍力の水準で十分実行可能な戦略である。逆に、「エアシー・バトル」はコンピューター情報通信インフラや新規装備に多大な追加投資が必要であり、実際的ではない。

ハメスが最も強調したのは、「オフショア・コントロール」が中国を物理的に破壊せず、つまり、面子《めんつ》を潰すこともなく、中国の政治的計算を変化させる点である。海上封鎖は相互意思疎通に必要な時間を稼げるとも見なす。また、同盟国や友好国の対中戦への参戦を要求しないから、これらの国々にも受け入れやすい。逆に、「エアシー・バトル」は中国軍部隊の撃退、中国内部の基地・施設の破壊を伴うから、中国の面子を潰し、それを許容しない中国が戦いをエスカレートさせ、最悪、大規模な核戦争になってしまうと懸念する。また、東アジア・西太平洋地域の同盟諸国と友好諸国は対中戦に直接、間接に参戦せざるを得ないから、これらの国々が必要な基地の使用などを米軍に認めないリスクが低くはないと捉える。

では、これら「三つの方策」をどう評価すればいいのだろうか。

3　想定する戦争の規模・期間

分かり易い比較対照のために、「三つの方策」に冷戦時代の「封じ込め戦略」を加えて、大規模・長期の戦争（東アジア・西太平洋戦域からグローバルな戦争）、中規模・中期の戦争（台湾有事）、小規模・短期の戦争（通常兵器のみを使った尖閣有事等）がどの程度想定されているか見てみよう。

表1では「非常によい（◎）」、「よい（○）」、「不十分（△）」、「全く駄目（×）」を意味する。

「封じ込め戦略」はグローバルな核戦争を想定していた。米ソは相互確証破壊による核抑止が作用

表１　戦争の規模・期間からの評価

	（大規模・長期）東アジア西太平洋→グローバル	（中規模・中期）台湾有事	（小規模・短期）尖閣有事等
封じ込め戦略	◎（核戦争）	○（戦域・戦術核）	△（戦術核・非核）
リバランス／ピボット	△（外交＋α）	×	×
エアシー・バトル	×／△	◎（非核）	○／△（非核）
オフショア・コントロール	○（非核）	◎（非核）	×（非核）

（著者作成）

していた。そのため、「中規模・中期」や「小規模・短期」の戦争は通常兵器だけではなく戦術核兵器、さらには戦域核兵器の使用も想定されていたから、グローバルな核戦争にエスカレートしないように抑えられていた。特に、世界が米ソ両陣営に二分されていたため、欧州正面、北東アジア正面、中東・ペルシャ湾岸での地域紛争はグローバルな核戦争にエスカレートする恐れがあると想定されていた。

これに対して、「リバランス／ピボット」は外交面と経済面だけはかなり広範な想定しているが、軍事安全保障面（特に、軍備の強化）は余り考慮の対象になっていない。また、「中規模・中期」や「小規模・短期」の戦争については何も具体的に想定されておらず、共同演習と軍事交流を含む信頼醸成措置等の軍事外交面以外は具体的な対処も考えられていない。

また、「エアシー・バトル」は大規模な戦争を想定していないが、核兵器を使わないとの前提で台湾有事など「中規模・中期」の戦争を十分綿密に想定している。ただし、状況次第で台湾有事は一時的にはハワイ、東南アジア、オーストラリア北部を含むものとなるかもしれない。また、その戦力や作戦構想は「小規模・短期」の戦争にもそのままある程度適用できるであろう。

さらに、「オフショア・コントロール」は台湾有事を焦点に所謂「第一列島線」内での「中規模・中期」の海上経済封鎖戦を想定している。しかし、状況次第では「第二列島線」まで後退して封鎖戦を行うことをしているから、東アジア・西太平洋のかなり広範な地域での大規模・長期の封鎖戦となるだろう。経済封鎖戦は「小規模・短期」の戦争を対象としていないし、効果もない。

概して言えば、「三つの方策」は様々な状況や規模を想定しておらず、限定的な条件の下でその最適値を模索したものに過ぎない。逆に言えば、そうした前提条件が満たされねば、有効に機能しない。

そうした前提条件は果たして満たされるのであろうか。戦略論体系の視点からの分析が必要であろう。

4　戦略論体系からの評価

戦略とは国益を定義した上で、その国益を実現するために、具体的な政策目標を設定し、それを達成するために具体的な手段の組み合わせ、使用方法、執行手順などを、人的、財政的、物的リソースの制約の下で策定していくことである。この点で最も豊かな知的蓄積を有する米国では、①国家安全保障戦略、②国家防衛戦略、③国家軍事戦略、④作戦ドクトリンの順で策定している。①は地政学・地経学的な次元において、国際政治や国際経済の観点を含めた総合的な戦略が求められる。②は①を

表2　戦略論体系からの評価

	国家安全保障戦略（国益の擦り合わせと総合的な大戦略）	国家防衛戦略（軍事・政治次元での軍事活動や軍備整備の方針）	国家軍事戦略（作戦次元での軍事活動や軍備整備の方針）	作戦ドクトリン（戦場の次元での部隊の運用方針）
封じ込め戦略	◎	◎／○	○／△	△
リバランス／ピボット	△	△／×	×	×
エアシー・バトル	×	×	×／△	◎
オフショア・コントロール	×／△	◎	○／△	×

（著者作成）

前提にして、政治・軍事的な次元において、軍事活動やそのための軍備整備の方針を設定する。③は①②を前提にして、作戦の次元において、軍事活動やそのための軍備整備の方針を設定する。④は①②③を前提にして、戦場に次元において、戦力の運用のための基本方針を設定する。この観点から「封じ込め戦略」と「三つの方策」を評価したものが表2である。

「封じ込め戦略」は軍事面と経済面を整合的に総合した国家安全保障戦略を有し、冷戦初期の対決ムード、デタント期、レーガン軍拡期の推移の中でどちらの側面を強調するかでかなり変動はあったが、核戦略を焦点に国家軍事戦略や国家軍事戦略の中核は比較的安定していたと言えるだろう。しかし、米ソ間のグローバルな核戦争の抑止に焦点があったため、通常戦力の使用を含む軍事ドクトリンは必ずしも上位の戦略と高い整合性を持たなかった。実際、国際情勢次第で、各政権により様々な提案と施策がなされた。

「リバランス／ピボット」は経済面での国益を重視しつつ、軍事外交を含めた外交戦略が中心で、軍事面を軽視しているため、真に総合的な大戦略とは言えない。既存の戦力や将来の投資配分を中東から東アジア・西太平洋に移す点は国家防衛戦略の重要な一部を構成しているが、軍備強化の具体的方針としては見るべきものは少ない。国家軍事戦略と軍事ドクトリンに関して具体的にはほとんど触れられていない。

「エアシー・バトル」は作戦ドクトリンであるが、そのために必要な軍備も明らかとなるから、実質的に或る程度、国家軍事戦略の意味合いを持つだろう。しかし、それ以上、高次の戦略は含んでいない。つまり、どのような国益を実現するために戦うか、どのような場合に戦いを始めまた終えるか、勝利や敗北の定義は何か、必要な軍備の財源はどうするかなどの問いには答えを有していない。

「オフショア・コントロール」は国家防衛戦略の点では中国に対する海上経済封鎖戦を焦点に必要な財政的制約、封鎖線の設定場所、同盟国や友好国との関係などかなり明確にしている。また、封鎖戦の活動内容の大枠は明らかであるし、既存の海軍力で十分としていることから、国家軍事戦略も一応黙示的に存在する。しかし、ハメスは封鎖戦の作戦ドクトリンにはついては全く触れていない（もっとも、商船に対する単純作戦なら特段触れる必要もないであろう）。また、軍事面優先で経済面といかに整合させるか、国家安全保障戦略が欠落している。米国は既に貿易・投資で中国と深い相互依存関係にある一方、同盟国や友好国も同様に対中貿易に深く依存している。経済封鎖戦による中国との中長期的な政治的対立に耐えられるか極めて不透明である。さらに、中国は世界最大の米国債保有国となって事実上米国覇権を支えており、米国債の大量一斉売却など経済的に米国に深刻な打撃を与えることができる。

5　結語

これまで見てきたように、「リバランス／ピボット」「エアシー・バトル」「オフショア・コントロール」は「封じ込め戦略」と違って、どれも戦略論体系の観点から見てかなり稚拙なものである。「リバランス」は曖昧模糊としている一方、後の二つは米側が想定した特定の条件の下でのみ有効に機能する。ＩＮＳＳのＣ・ユン（Christopher Yung）上級研究員が言うように、後者二つの同時並行実施は論理的には考えうるが、財政的には非常に実現困難であろう。(20) 戦略はどうしても人的、財政的リソースの配分に優先順位付けが必要となる。さらに、これに「リバランス」を併用したとしても、軍事面、経済面、外交面に整合性がある国家安全保障戦略とはならない。

結局、米国はどう中国に対峙すべきか、分かっていないのではないか。ＩＮＳＳのユンは「いや、それは違う。民主制の米国は脅威が明白にならないと意見が収斂《しゅうれん》しない。今は百家争鳴《ひゃっかそうめい》の段階なのだ」と語った。(21)

他方、問題は戦略策定能力ではないとの捉え方もある。本書著者は二〇一二年七月、中華民国（台湾）国防部の開催した東アジア安全保障情勢についての国際会議に招聘されて「エアシー・バトル」に関する論文を発表した際、同じパネルの英国の学者と意見が対立した。曰く、「米国は新たな構想をぶち上げて、それで中国を抑止しようとしている」。米国はこれまで無数の戦略を策定したが、お蔵入りしたものが圧倒的に多い。また、新たな戦略と言っても、名称が新鮮なだけで、過去の戦略の焼直しが多い。実際、大日本帝国海軍陸上攻撃機は一九四一年一二月のマレー沖海戦で英国の戦艦プリンス・オブ・ウェールズとレバルスを撃沈した。つまり、米国は新戦略の提起そのもので中国を抑止しようしていると主張した。もっとも、「貴方がそう思うのは、英国が歴史的にそういう狡《ずる》いやり方をしてきたから、単にミラー・イメージでそう見えるのではないか」との著者の問いに、その学者は黙ってしまった。実際に存在する戦力による抑止ではなく、紙の上の戦略論そのものによる抑止を狙うという論理は「オフショア・コントロール」にも当てはまるだろう。

こうした米国の戦略策定における問題は国防費削減、究極的には、米国経済の凋落に根差している。凋落が深刻になれば、わが国は米国の軍事力に依存して自国の安全を保障することが困難になる。少子高齢化と慢性的な赤字に苦しむわが国財政の構造的危機を踏まえれば、防衛予算を劇的に増やすことは困難であるから、日米同盟を強化するのが現実的な安全保障政策といえる。しかし、これは、米国の凋落が緩慢で、当面、わが国が概ね米国に依存できることを暗黙の前提としている。しかし、ここまで分析してきたように、この前提が有効かどうかは既にかなり不確実性を孕んでおり、自衛隊は対米リスクヘッジとして自助の力を高めるよう、具体的に作戦ドクトリン、防衛態勢、財源確保、調達・取得などの点で急いで独自の防衛力強化策を検討し、部分的には米国に不信を抱かれないようにしながら、慎重に実行に移さねばならない。

（註）

（1）「米歳出の強制削減とは　カットの半分は国」『日本経済新聞』二〇一三年三月二日、http://www.

nikkei.com/article/DGXNASDC0100C_R00C13A3EA2000/ 二〇一四年九月一六日。

(2) http://www.dni.gov/files/documents/GlobalTrends_2030.pdf, December 2012, accessed on September 15, 2014.

(3) *Ibid*, p. iii.

(4) http://www.defense.gov/news/defense_strategic_guidance.pdf, January 3, 2012, accessed on September 15, 2014.

(5) http://www.state.gov/secretary/20092013clinton/rm/2011/10/175215.htm, accessed on September 15, 2014.

(6) David C. Gompert and Phillip C. Saunders, ***The Paradox of Power: Sino-American Strategic Restraint in an Age of Vulnerability***, National Defense University Press, 2011; David C. Gompert and Phillip C. Saunders, "Sino-American Strategic Restraint in a Age of Vulnerability," ***Strategic Forum***, No. 273, January 2012, http://ndupress.ndu.edu/Portals/68/Documents/stratforum/SF-273.pdf#search=% 27David+C.+Gompert+and+Phillip+C.+Saunders%2C+The+Paradox+of+Power%3A+SinoAmerican+Strategic+Restraint+in+a+Age+of+Vulnerability% 2C% 27, accessed on September 15, 2014.

(7) Phillip C Saunders, Christopher D. Yung, Michael Swaine and Andrew Nien-Dzu Yang, ***The Chinese Navy: Expanding Capabilities, Evolving Roles***, National Defense University Press, 2012; by Richard P. Hallion, Roger Cliff and, Phillip C. Saunders, ***The Chinese Air Force: Evolving Concepts, Roles, and Capabilities***, National Defense University Press, 2013.

(8) Gompert and Saunders, "Sino-American Strategic Restraint …", ***op.cit***, p. 6.

(9) Robert B. Zoellick, Deputy Secretary of State Remarks to National Committee on U.S.-China Relations,

New York City, September 21, 2005, http://2001-2009.state.gov/s/d/former/zoellick/rem/53682.htm, accessed on September 15, 2014.

(10) Phillips C. Sanders, "The Rebalance to Asia: U.S.-China Relations and Regional Security," ***Strategic Forum,*** No. 281, August 2013, http://ndupress.ndu.edu/Portals/68/Documents/stratforum/SF-281.pdf, accessed on September 15, 2014.

(11) ***Ibid,*** pp. 6-7.

(12) ***Ibid,*** pp. 7-9.

(13) インタビュー、米国防大学、二〇一三年八月二二日。

(14) Masahiro Matsumura, "The Limits and Implications of the Air-sea Battle Concept: A Japanese Perspective", ***The Journal of Military and Strategic Studies,*** Vol.15, No.3, 2014, http://www.jmss.org/jmss/index.php/jmss/article/view/544, accessed on September 15, 2014.

(15) http://www.defense.gov/qdr/qdr% 20as% 20of% 2029jan10% 201600.pdf, p.32, accessed on September 15, 2014.

(16) ***Air-Sea Battle: Service Collaboration to Address Anti-Access & Area Denial Challenges***, Department of Defense Air-Sea Battle Office, May, 2013. http://www.defense.gov/pubs/ASB-ConceptImplementation-Summary-May-2013.pdf, May 2013, accessed on September 15, 2014.

(17) ***Ibid***, p. 2.

(18) T. X. Hammes, "Offshore Control: A Proposed Strategy for an Unlikely Conflict," ***Strategic Forum,*** No. 278, June 2012, http://inss.dodlive.mil/2012/06/01/strategic-forum-278/, accessed on September 15, 2014.

(19) インタビュー、米国防大学、二〇一三年八月二三日。
(20) インタビュー、米国防大学、二〇一四年九月一二日。
(21) 同右。

沖縄の米軍普天間基地　写真提供：共同通信

第Ⅲ部　南西諸島の地政学的重要性と基地問題

第5章　米海兵隊普天間基地問題

これまで沖縄本島の米海兵隊普天間航空基地を島内の新たに建設する施設に移設するか、それとも同島外へ完全に移してしまうかという問題は日米同盟の喉に刺さった魚の小骨のようなものであった。沖縄の立地は同島をこの地域でもグローバルな次元でも米国の軍事戦略にとって戦略的な財産としている。沖縄は朝鮮半島へも台湾海峡へも容易なアクセスを与え、米軍のグローバルに展開する基地・施設ネットワークの非常に重要な中核的拠点として機能している。

沖縄県は日本の全領土の僅か〇・六%の面積しか占めていないにも関わらず、同県内の米軍基地面積の合計は同県総面積の一一%を占めている。また、在日米軍基地の七五%が沖縄に集中している(1)。沖縄の一般県民と共に、沖縄県当局や県内市町村当局はしばしば米軍のプレゼンスに抗議してきており、これは日本の安全保障の米国に対する依存、より一般的に言えば、日本の国家主権を損なう不平等な関係の象徴であると見做されてきた。この移転問題を如何に処理するかは日米同盟の政治的生存能力だけでなく、日本政府の正当性とも密接に結びついている。

米海兵隊は侵攻を開始するには最も重要な能力を有するが、潜在的な攻撃を抑止したり封じ込めたりするにはあまり役立たない遠征・上陸強襲を専門としている。抑止機能にとって、空海の戦力が一般的にはより重要である。実際、東シナ海において台頭する中国の軍事力に対処するように図られた米国の「エアシー・バトル」構想は空海の戦力を統合して用いることを強調している。[2]確かに、限定的な上陸強襲能力は、起こりうる小島に対する中国による奇襲攻撃と占拠に対抗するには不可欠であろうし、万一朝鮮半島有事が勃発した場合には重要な予備戦力としての働きを果たすであろう。これらの限定的な目的にとって、海兵隊の能力は必ずしも沖縄にプレゼンスを有していることは必要ではないが、欠くべからざるものである。しかし、日米両政府とも既にこの地域における最低限必要な米海兵隊の戦力の水準をいかに維持するかについて合意するのが容易ではないと悟るにいたった。わが国においては、議論はいかに最も上手く沖縄の部隊とこの地域の他の軍事拠点、とりわけグアム島の機動部隊を組み合わせるかに重点が置かれている。普天間基地移転問題は北朝鮮がエスカレートさせる政治的・軍事的冒険主義と中国の軍拡に直面するなかでも、長年、日米同盟に厳しい緊張をもたらしてきた。小泉純一郎首相が二〇〇六年九月に退陣してから、日米両政府は政治的にも作戦運用上も日米同盟を深化、強化することに失敗し続けた。二〇一〇年六月、鳩山由紀夫首相は、民主党が二〇〇九年の衆議院選挙に圧勝して政権に就いて僅か九カ月後辞任した。鳩山首相は海兵隊を沖縄から立ち退かせるという公約を守ることと、引き続き沖縄における海兵隊のプレゼンスを維持するために沖縄に代替施設を建設するとの日米合意を守るという相矛盾する二つの政策目標を満たすことができないと実証してしまったため、鳩山首相に対する国民の支持は霧散してしまった。鳩山氏の後任の菅直人首相は解決の見通しもなく、普天間問題を漂流させてしまった。

図1　沖縄の米軍基地

(出典)沖縄情報センター「米軍基地」ホームページなどによる。
http://www.asahi-net.or.jp/~lk5k-oosm/base.html　2015年8月17日アクセス。

1　官僚の自動操縦による同盟

日本が米国との同盟関係を官僚による自動操縦で行う傾向はわが国の民主制の基本構造に根差している。現代日本は政治的自由、経済的自由、社会的自由、定期的な自由選挙を完全に保証する成文憲法を有した模範的な民主制国家であるが、全面的な政府の民主的交替を殆ど経験したことがない。実際、民主党の自民党に対する二〇〇九年の勝利が、わが国歴史上初めて国民によりボトム・アップ形式でもたらされた政権交代である。(3) 一八六八年以前、わが国は武士階級による一種の独裁政権に特徴付けられる封建制によって支配されていた。徳川幕府が一八六八年に倒されると、封建制が終わり、明治維新への先触れとなった。明治維新は「上からの革命」であって、必然的に異なる藩と武士階級の間での権力移行をともなった。その結果、明治政府は本質的に前時代の独裁制の特徴を引き継いでいた。一八八九年の欽定の明治憲法が二院制議会を設立した後でさえ、武士階級出身の維新指導者たちは超然内閣を組閣し、中央政府の官僚機構を支配した。彼らの独裁制は衆議院で最大多数を占めた政党が政権を担う慣習が成立すると二〇世紀初頭に脅かされたように思われたが、この慣習は世界大恐慌と一九三〇年代それによってもたらされた軍部独裁の台頭によって短命に終わった。

第二次世界大戦後、わが国の官僚機構は米軍占領下でも基本的には無傷のまま置いておかれた。米占領軍当局者たちは既存の官僚機構を間接統治の手段として用いた。そして、一九五二年に日本が完全に再独立した後も、官僚はもはや天皇に対して責任を負わなくなったが、政策決定を支配し、多かれ少なかれ政党に服せず作動し続けた。一方、自民党はますます過去二〇年間連立を組む政党の協力を要するようになったとはいえ、民主党政権誕生までのほぼ五〇年間余り継続的に政権与党であった。定期的な自由選挙が行われているにも関わらず、こうした一党支配が存在し続けた状況は主要民主制諸国のなかでは異例なことであった。

したがって、第二次世界大戦後の数十年間は、わが国の国会の立法活動は本質的に形式的なものであった。国会議員は立法や政策において発議し、主導権をとるのは自由であったが、実際には、官僚が法案の圧倒的な部分の草案を書き、しばしば自民党の政務調査会で微修正された。通常、これらの官僚により草案が書かれ、内閣によって国会に提出された法案は衆参両院で常に過半数を有した自民党にとって通過・成立させるのは容易かった。さらに、この多数派による独裁は、政権交代が全くなかったために、あるいは、フィリバスターなどの、国会での議事妨害手続がないために、ほとんど牽制されなかった。実質的な民主的なコントロールは選挙の際と自民党政務調査会において自民党所属の国会議員と官僚の間で憲法の規定外で行われる遣り取りにおいてのみ存在した。

これらの条件の下では、日本の米国との同盟関係はその陥穽に関しますます大きくなる日本国民の懸念にも関わらず、ほとんど修正されなかった。とりわけ、沖縄県民は米軍基地に絡む犯罪、事故、環境悪化などの諸問題に対してますます異議を申し立てるようになった。一九九五年には、沖縄のキャンプ・ハンセン（米海兵隊基地）に駐留する二人の米海兵隊員と一人の米海軍水兵による一二歳の女子小学生への集団強姦に対する沖縄県民の激しい怒りはついに日米両政府に現在宜野湾市の中央にある普天間航空基地を別の離れた場所に移設する合意を促した。しかし、その詳細が詰められたのは、海兵隊のヘリコプターが同市にある大学キャンパスに墜落大破した二〇〇六年になってからであった。日本は普天間基地を同じ沖縄本島にあるキャンプ・シュワブに新たに建設する施設に移転することに合意した一方、米国は在沖縄第三海兵遠征軍の主として司令部要員八〇〇〇人の隊員を完全に沖縄から米領グアム島に移動させると合意した。しかし、日本政府は沖縄における抵抗を目の当たりにしてその計画を容易には執行できないと理解するに至った。普天間問題は二〇〇九年の衆院選で自民党が未曾有の敗北を喫した時点では未解決のままであった。

2　同盟管理の失敗

二〇〇九年六月、民主党が鳩山由紀夫氏の下で政権を獲得した時、民主党が宣言した政治目標は政府の官僚機構との共生関係を断ち、旧体制の制度的慣性を克服することによって、機能不全に陥った戦後の日本の政治システムを改革することであった。民主党の国会議員、とりわけ、同党の影の実力者であった小沢一郎氏に率いられた議員たちは、国内政策でも外交安全保障政策でも官僚の権力を徐々に衰えさせるよう動いた(4)。このことは沖縄における米海兵隊基地の存続——民主党の二〇〇九年の衆院選マニフェストに示された問題の一つである——に対する難題をも含んでいた。

民主党政権の「基本方針」は、鳩山氏の下で二〇〇九年九月の第一回閣議で策定されたものであるが、米国との懸案事項、とりわけ東アジア・西太平洋地域の平和と安全に不可欠である日米協力を強化することの重要性と同様に、米国との不平等な関係を修正することに関して真剣な二国間交渉を始める必要性を強調した。[5]「基本方針」は何ら細部には触れない一方、民主党のマニフェストは日米地位協定の改定と在日米軍基地の再編と削減を念頭にその状況の見直しを擁護した。[6]鳩山首相の立場は、国連総会で「東アジア共同体」に関するビジョンを発表し、中国の重要性を強調したため、反米のように見えた。また、その約一カ月前には、『ニューヨーク・タイムズ』紙に米国に批判的な評論を公刊した。[7]当然、鳩山首相は既存の日米同盟関係、より具体的には、当初からの海兵隊基地移転合意を遵守しようとする米国政府からの手強い反発にあった。

結局、鳩山首相の基地移転政策は後知恵で見れば困難な時期に性急に実行しようとしたために惨めに失敗した。わが国史上最初の民主的政権交代は深刻な欠陥に苦しむこととなった。鳩山内閣の閣僚たちは衆院選で敗北した麻生太郎内閣の前任者に外交政策における既存の問題と潜在的な問題、とりわけ普天間基地問題に関する引き継ぎを依頼しなかった。また、麻生内閣の閣僚たちも衆院選での完敗に茫然自失の状態に陥り、引き継ぎの申し出をしなかった。そのかわり鳩山首相は従来からの官僚機構に依存した意思決定手続きから決別し、各省の政務三役（大臣、副大臣、大臣政務官）が高級官僚を制御し強力な政治的指導力を発揮するために、性急にトップ・ダウン型の新たな意思決定手続きを制定した。また、鳩山首相は首相官邸に政治任命で政策参与の一団を抱えた。生憎、この政権移行の問題は、岡田克也外相が民主党の基地移転政策は事実上実行不可能と判断するほど、外交安全保障政策において最も顕著なものとなった。その結果、鳩山政権は普天間基地問題に関して閣内不一致に陥った。

もう一つの鳩山首相の政策上の失敗は自分自身で二〇一〇年五月三一日を普天間問題決着の人為的

な最終期限としたことであった。この日程は立法、選挙、そして恐らく外交の日程によって左右されていた。鳩山首相は予算及び予算関連法案の成立に必要である参議院での過半数を維持するために、二〇一〇年三月末までは連立政権のパトナーである社民党の支持を必要としていた。首相は二〇一〇年七月の参院選と二〇一〇年一一月の沖縄県知事選挙の前に普天間問題に決着をつけたいと考えたのだろう。さらに、首相は二〇一〇年五月三一日に予定された日中首脳会談を含め、重要な外交行事のスケジュールを抱えていた。米国の予算編成の周期の中でのいくつかの期限も鳩山首相の考慮に影響を与えた。しかし、なぜ五月三一日の期限を守れないかを説明した首相の五月二八日の声明にはこれらの点について言及はなかった(8)。

明らかに、鳩山首相は遭遇するであろう国内と米国の関係者からの抵抗を過小評価していた。その抵抗は同氏自身が上記の人為的最終期限を設定したことによって招いたものであった。さらに悪いことには、韓国のコルベット艦「チョンナム」が二〇一〇年三月二六日、北朝鮮の魚雷によって撃沈され、急激にこの地域全体の危機感を高め、基地移転問題での妥協を図るように米国政府から日本政府に対する圧力が増した。その結果、鳩山首相は突然、米国の抑止力、とりわけ、沖縄における海兵隊のプレゼンスの価値を強調しなければならなくなった。このことにより国民の目からは、鳩山首相は無能であるように見えた。この出来事は鳩山首相への最後の一撃となり、声明を発した五月二八日の一週間後、首相は辞任した(9)。

後任の菅直人首相は、前任者との距離をとろうとして、民主党が以前公然と非難した当初の自民党による普天間基地移転案を復活させた。この移転計画は官僚の手により策定されてものであったから、菅首相による後退は官僚機構が引き続き外交安全保障政策の手綱を握り続けることを意味した。生憎、菅首相による現状維持を旨とする同盟管理アプローチは、鳩山前首相が海兵隊の立ち退きに関して沖縄の人々の期待値を上げてしまったため、長期間に亘って有効でありそうでなかった。二〇一〇年秋、衆目の一致するところ(10)、同年一一月末に沖縄県知事選挙が近づいていることから、仲井眞弘多沖縄県知事(当時)は普天間航空基地の県内移転に関する如何なる動きに対しても、日本政府による新基地建設の正式認可に対して事実上の拒否権を発動することによってその建設を阻止する心構えであった。移転計画を誤魔化すことによってのみ、菅首相は沖縄県知事と同月に東京で首相と会談する予定となっていたオバマ大統領を宥和することができた。実際、首相と大統領が会見した際にも、双方とも実質的には全くこの問題には触れなかった。明らかに、日米両政府は実行に移せないことしか合意できなかったのである(11)。

それ以来、菅首相は完全に行き詰ったように見え、普天間問題は何ら解決の見込みもなく漂流した。二〇一〇年一二月、オバマ政権は二〇一一年春に予定されていた次回の菅首相のワシントン訪問までに準備して、日米間で当初合意された通りの基地移転を実施する具体的な計画を提示するよう非公式に日本政府と要求したと報ぜられた(12)。結局、二〇一一年三月に勃発し、本州の東北部海岸地帯を壊滅させた巨大な東日本大震災とそれに引き続いての大津波による国家的危機のために、この訪米はなされなかった。このことは、少なくともこの危機が終わるまで、菅首相を米国政府の圧力から解放するように思えた。他方、仲井眞知事は、決して沖縄県内における普天間基地の代替施設建設を認可せず、その代わり完全な県外移設を要求すると公約して、二〇一一年一一月の知事選で再選された。二〇一〇年一二月一七日、菅首相は当初の辺野古への移転計画を受け入れるよう説得しようと仲井真知事を訪問した。首相は知事に、もしこの計画を受け入れれば、沖縄県は県経済を支えるために大型の国からの補助金支出によって報われるであろうと示唆した[13]。知事はこの申し出をきっぱり断り、同年五月一〇日に北澤俊美防衛大臣、五月二八日に松本剛明外務大臣、六月二六日に菅首相自身に対する挑戦的な発言に示されるように、断固反対の立場を変えなかった[14]。

3　新たな計画に向けて

普天間基地の代替施設建設が必要であるとの理由は作戦運用上の必要性であったが、もはやあまり説得力はない。実は、今や事情に通じた国民はむしろ日米両政府によって欺かれたと感じている。確かに、戦時には極めて多くの海兵隊の航空機、ヘリコプター、兵士が直前の通告で沖縄にやって来る可能性があり、沖縄の基地や施設がこれらの必要性を満たさねばならないであろう。しかし、これらの必要性は既存の米軍の航空基地（主要航空基地と補助飛行場）及び沖縄本島と近接の島々にある民生空港を使用することで満たされうる[15]。（あるいは、依然、普天間基地の代替施設の建設が必要だとしても、そこに海兵隊の部隊を恒常的に駐留させる必要はないかもしれない。）米国政府の情報源によってでさえ、グアム島に建設される予定の海兵隊基地が普天間航空基地に駐留している全ての航空機を収容することができ、また在沖縄の海兵隊司令部要員だけが普天間基地からグアム島に移動するのではなく、主要な戦闘部隊も一斉に移動することが示唆されている[16]。

二〇一〇年三月号の月刊『中央公論』に掲載された、オーストラリアの元外交官で大学教授に転じたグレゴリー・クラーク氏による論文は、沖縄に新たな海兵隊基地を建設する理由はほとんどないとの考えをさらに支持するものであった。同氏の議論によれば、在沖縄海兵隊の主要戦闘部隊は訓練と演習のために既に一年の三分の一を沖縄から出て海外で過ごしており、結果的に駐沖縄海兵隊のプレゼンスは毎年顕著な空洞化を経験してきた。また、同氏は、普天間基地代替施設は再配置する海兵隊部隊は、同じ沖縄本島内にあり、面積も広い嘉手納米空軍基地に移動すればよいのであるから、必要ないと論じた。また、同氏によれば、現在この動きを阻んでいる唯一の要因は作戦運用上の理由などではなく、米空軍と米海兵隊との間の長年に亘る確執である。海兵隊は単に米空軍と同じ基地を使うのが嫌なのである。[17] クラーク氏の理由付けは二〇一一年五月、三人の米上院軍事委員会の委員である、同委員長のカール・レビン議員、ジョン・マケイン議員、ジム・ウェッブ議員による類似した提案により補強された。[18]

日米間で公式に合意された普天間移転計画に関して堅固な擁護者である川上高司元防衛研究所主任研究官でさえ、もし計画が進行すれば、時間の経過とともに海兵隊部隊をグアム島と沖縄の間でローテーションさせる慣行が出来上がり、最終的には当該海兵隊部隊は形式的には沖縄の基地に属していても、実際にはそこには存在しないという事態となると予想している。[19] したがって、平時には、沖縄において必要とされる海兵隊の規模は現在理解されているよりもずっと小さい。

もちろん、日米両政府は、沖縄における海兵隊のプレゼンスが中国、北朝鮮、その他の地域の行為主体に対して、日本、とくに沖縄を防衛するとの米国の公約を確信させると論じて、抑止の観点から普天間基地の代替施設の必要性を正当化しようとするかもしれない。こうした理由付けはたとえ海兵隊のプレゼンスが作戦運用上必要なくとも有効であるかもしれない。それは、抑止がいかなる軍事的、非軍事的要因によって左右されるのかについて、米国と同盟諸国の間に強化すべき地域的な共通認識によって決まるであろう。これまでのところ、この論点は十分議論されていない一方、日米両政府は沖縄から中国の弾道ミサイルの有効射程外にあるグアム島へ在沖縄海兵隊の司令部を移動することに同意することによって、米国のコミットメントが弱くなったとの認識を与えかねない混乱したシグナルを送ってしまった。同時に、日米両政府は公式には、海兵隊の主要戦闘部隊を沖縄に留めるとの計画を発表した。このことは、必然的に海兵隊員が強姦を含めて重罪を犯すリスクを伴い、過去にそうした事件が及ぼしたように、日米同盟の政治的生存能力を脅かすであろう（コミットメントの強さを印象付けるなら、司令部こそ沖縄に留めるべきであろう）。

恐らく、これらの混乱したシグナルの結果として、鳩山首相は米国との新たな大取引が可能であると誤解したように思える。確かに、米国政府の普天間移転問題に対する過去の姿勢は変化してきた。G・W・ブッシュ政権時には、ラムズフェルド国防長官（当時）は世界規模での米軍再編の一環として、沖縄における海兵隊の一部を新たな施設に移動させるか完全に沖縄本島から立ち退かせることによって、そのプレゼンスを縮小させる必要性を強調した[20]。同時に、沖縄に駐留していた海兵隊の部隊の一部分は深刻な兵力不足を埋め合わせるために中東地域に派遣された。そして、日本の新聞が断続的に報道し続けたように、とりわけ二〇〇八年のリーマンショック以来、逼迫した米国防予算のために、米国政府は日本政府に対して既に豊富に提供されていた在日米軍駐留経費負担をさらに増額するように要求するようになっていた[21]。

米国政府は現行の普天間移転計画を放棄し、新たな計画を策定することによって、軍事的必要性を再検討し、日本の国内政治闘争に置きこまれるのを回避することで多くのことをなしえるであろう。

そうするには、米国は日本防衛にコミットしているという認識をこの地域全体で補強することの重要性を含め、多くの要因を考慮せねばならない。また、沖縄に海兵隊司令部を留めることなど、具体的な手段を採る必要がある。第二に、沖縄に駐留させる必要がある海兵隊戦闘部隊の最小限の規模について見直しが求められる。この戦力見直しはグアム島と沖縄の間の海兵隊部隊の輪番配備に関する別の見直しと並行して行われるべきである。第三に、政策決定担当者は拡張された米航空基地（主要及び補助飛行場）と沖縄本島及び隣接する島々の民生空港が有する潜在的な戦時収容能力、そしてこれらの施設の平時における保守・整備と戦時における利用を確保するために日本政府と結ばれるべき取り決めを考慮すべきである。

最後に、キャンプ・ハンセン内に普天間基地の代替施設を建設する可能性を模索する必要がある。キャンプ・ハンセンはキャンプ・シュワブの十倍の広さがあり、そこに建設さられる如何なる新たな施設も完全に既存の基地内に建設できる。つまり、このことは、沖縄県知事は建設計画に対して拒否権を発動できないことを意味する[22]（沖縄本島の勝連半島にあるホワイト・ビーチを埋め立てるアイデア、または沖合に施設を構築するとのアイデアは、知事が認可する見込みがない以外、米軍の作戦運用上及びその他の必要を満たす、理想的な解決策である[23]）。上記で触れた三つの考察を念頭に置いて、日米両政府はいかにそうした施設に対する地勢、建設、資金、その他の障害を克服できるかについて協議を開始すべきである。

残念ながら、二〇一一年六月六日にワシントンDCで持たれた公式の日米外相会議で、前原誠司外相（当時）とヒラリー・クリントン国務長官（当時）は両国の戦略目標を定義するために新たに一連の協議を開始することで合意する一方、互いに普天間基地の原案を堅持することを確認した[24]。明らかに、日米両政府は沖縄県民、とりわけ、同県当局と反目する一方、両国の同盟関係を安定化させるため、一時的な移転問題の棚上げを選んだ[25]。その一週間後、北澤俊美防衛大臣（当時）とゲーツ国防長官（当時）は東京で会見し、移転問題に関する両者の意見相違を強調しないようにしながら、移転原案を再確認した。実際、北澤大臣は米空軍のF－15の訓練施設を部分的にグアム島に移設することによって、先取りした形で駐沖縄米軍基地の負担を減らすような方策を採るよう、ゲーツ長官に特に依頼した。しかし、ゲーツ長官は曖昧な返事しかせず、逆に北澤大臣に遅滞なく移転原案を執行するよう圧力をかけた[26]。

二〇一一年三月の巨大な地震と津波の直接的な影響を受けて、日本の国内政治闘争と普天間基地移転問題は震災直後の危機管理と救援活動を行うために脇に置かれた。状況が平常に戻るにつれて、長期的な復興・開発を焦点とする政治的な意見の相違がますます激しくなった。特に、普天間基地移転問題は同盟を巡る政治の中心的な課題として再浮上した。大震災は日米同盟の基本的なダイナミックスに何ら影響を及ぼさないように思えた。二〇一一年六月一一日、ワシントンDCで開かれた日米安全保障協議委員会（日米安保条約に基づいて設置されている）の会議の直後、日本の外相と防衛相、そして米国の国務長官と国防長官は二〇一〇年の普天間基地をキャンプ・シュワブに移転する合意を再確認する共同声明を発した。ただし、移転を完了すべき新たな期限を設けることなく、二〇一四年から延長することに合意した[27]。同月二七日、菅首相は首相官邸にて仲井真知事と会った際、普天間基地移転原案の受け入れを同知事に迫ったが、上手くいかなかった[28]。

当面、日本の政治状況は安定的であるかのように見えた。しかし実際には、指導力を失った菅首相の下で、民主党内の派閥抗争が激化するにしたがって、そうした安定性はますます維持困難となった。

二〇一一年六月初旬、菅首相は、民主党の国会議員総会において時期は明言しなかったものの、辞任の意を示唆することによって、かろうじて衆議院での不信任決議案成立を回避した。菅氏の曖昧な言葉使いは、日本の戦後政治経済における重要な変化が長らく先延ばしにされてきた政治改革の必要性を際立たせたタイミングでなされた[29]。この長引いたシステム的危機に直面して、日本国民は自民党と民主党の双方に幻滅しつつあった。というのも、両党は名目的には別々の政党であっても、国会議員たちはかつての与党であった自民党への愛着や敵意によって簡単に所属政党（政治的忠誠心の対象）を変えたからであった。二〇〇九年に、日本の有権者は政権を引っ繰り返すことは可能であると学び、もはや官僚による麻痺状態も一党支配も許容する心積もりはなかった。米国政府はますます機能しない移転計画に執着することによって、不必要に日本の国内政治のごたごたに巻き込まれてしまっていた。また同時に、日米両国において日米同盟に対する国民の信頼を摩耗させていた。まさに米国政府は本章で示した政策提言を念頭に現行の普天間基地移転計画ではない他の選択を探るべきであった。そうすることに失敗すれば、普天間航空基地が使い続けられることを意味する上に、そうした状況は同基地周辺の人口稠密地区の住民の安全だけでなく、日米同盟そのものの政治的生存可能性をも危険に晒《さら》すのである。

（註）

（1）沖縄県基地問題課のホームページより、http://www3.pref.okinawa.jp/site/view/contview.jsp?cateid=14&id=579&page=1, 二〇一一年六月二八日アクセス。

（2）US Department of Defense, *Quadrennial Defense Review of 2010*, p.32, http://www.defense.gov/

qdr/qdr% 20as% 20of% 2029jan10% 201600.pdf, accessed on June 28, 2011.

(3) 一九九三年から一九九四年に亘る九カ月間、自民党は国会で過半数に満たない最大議席を有したが、八党による連立政権がなんとか非自民党政権を樹立した。

(4) 例えば、二〇〇九年九月、民主党政権の構成員は予算枠を削減または廃止しようと、多くの予算項目を細かく分類し、憲法の規定にない行政仕分けのプロセスをテレビ放送することによって官僚内閣制に猛攻を始めた。このことは、過去との顕著な決別を意味した。というのは、予算編成は長い間、高級官僚の縄張りであったからである。また、鳩山首相は各省に大臣、副大臣、大臣政務官から成る政務三役会議を設け、人事権を含め、各省に対して支配を及ぼそうとした。これにより、各省の事務次官と高級官僚から権力を奪った。

(5) 民主党内閣「基本方針」二〇〇九年九月一六日 http://www.kantei.go.jp/jp/tyokan/hatoyama/2009/0916siryou1.pdf, 二〇一一年六月二八日アクセス。

(6)「民主党の政権マニフェスト」http://www.dpj.or.jp/special/manifesto2009/txt/manifesto2009.txt, 二〇一一年六月二八日アクセス。さらに、二〇〇八年には民主党は米海兵隊普天間基地の移転計画に関する行動計画に決着をつけるよう提案する「沖縄ビジョン」を発表した。 http://www.dpj.or.jp/news/files/okinawa(2).pdf, 二〇一一年六月二八日アクセス。

(7) 二〇〇九年九月二四日の国連総会での鳩山首相の演説、http://www.kantei.go.jp/jp/hatoyama/statement/200909/ehat_0924c.html, 二〇一一年六月二八日アクセス。Yukio Hatoyama, "A New Path for Japan," *New York Times*, August 26, 2009, http://www.nytimes.com/2009/08/27/opinion/27iht-edhatoyama.html June 28, 2011.

(8) http://www.kantei.go.jp/jp/hatoyama/statement/201005/28kaiken.html, 二〇一一年六月二八日アク

セス。

（9）同右。

（10）手続き的には、民主党政権は首相または所管大臣によって沖縄県知事の拒否権を無効にする新法を国会に提出・制定することができた。しかし、そうすることは、民主党に対する既に弱まった国民の支持を必ず浸食し、政権維持を難しくしたであろう。

（11）二〇一〇年一一月一三日の日米首脳会談後の共同記者会見における、菅首相とオバマ大統領の発言に関しては、以下を参照せよ。http://www.kantei.go.jp/jp/kan/statement/201011/13hatugen.html, 二〇一一年六月二八日アクセス。

（12）「普天間移設、具体的道筋を――首相、訪米前までの明示を求める」『朝日新聞』二〇一〇年一二月二九日 http://www.asahi.com/international/jiji/JJT201012290004.html, 二〇一一年六月二八日アクセス。

（13）「普天間――進展なし」『読売新聞』二〇一〇年一二月一八日。

（14）「普天間、固定化ありえない――沖縄知事、防衛相と会談」『読売新聞』二〇一一年五月八日。「普天間移設で平行線――外相、沖縄知事と会談」『日本経済新聞』二〇一一年五月二八日。「首相県外は困難」『日本経済新聞』二〇一一年六月二七日。

（15）例えば、伊江島空港は一五〇〇メートルの滑走路一本を有しており、良い候補地である。沖縄本島から北西に九キロメートルにある伊江島に立地し、この民生空港はチャータ便以外、現在めったに使用されていない。さらに、この空港と並行して米海兵隊の伊江島補助飛行場が存在する。もう一つの候補地は沖縄本島から南西に三〇〇キロメートル、台湾近くに位置しており、三〇〇〇メートル滑走路一本を備えた下地島空港である。主として日本の民間航空機操縦士の離発着訓練に用いられている。

（16）例えば、ジェームズ・アモス海兵隊大将は海兵隊総司令官指名の是非を問う上院軍事委員会にて、沖縄からグアム島への再配置は在沖縄海兵隊司令部要員だけでなく主要作戦部隊含むであろうと述べた。“Senate Armed Services Committee Holds Hearing on the Nomination of Gen. James F. Amos to be Marine Corps Commandant”, September 21, 2010, http://www.marines.mil/unit/hqmc/cmc/Pages/testimonies.aspx, 二〇一一年六月二八日アクセス。Joint Guam Development Group, “Guam Integrated Military Development Plan”, July 11, 2006. Navy Secretary Donald Winter, “Report on Department of Defense Planning Efforts for Guam”, September 15, 2008. U.S. Department of the Navy, “Draft Environmental Impact Statement/ Overseas Environmental Impact Statement: Guam and CNMI Military Relocation”, November 2009.

(17) グレゴリー・クラーク（Gregory Clark）「沖縄基地問題はアメリカ軍派閥抗争」『中央公論』二〇一〇年三月号。

(18) Jim Webb, ‘Observations and Recommendations on U.S. Military Basing in East Asia’, May 2011, http://bignews.biz/?id=1018871&pg=1&keys=BASING-MILITARY-EAST-ASIA, accessed on June 28, 2011.

(19) 川上高司「米軍再編と日米同盟――米国が現行案にこだわる理由」、時事通信社『Weekly e-World』二〇一〇年一月。

(20) 屋良朝博「沖縄海兵隊のグアム移転問題について」、参議院議員会館にて発表、二〇一〇年三月一七日 http://www.peace-forum.com/mnforce/2009/03kaisetu/100402.htm, accessed on June 28, 2011; and Jim Garamone, “Rumsfeld, Myers Discuss Military Global Posture”, American Forces Press Service, September 23, 2004.

(21) Webb, ***op.cit.***, ; U.S. Senate Armed Services Committee,“Advance Policy Questions for the Honorable Leon Panetta Nominee to be Secretary of Defense”, June 9, 2011, http://armed-services.senate.gov/

statemnt/2011/06 June/Panetta 06-09-11.pdf, accessed on June 28, 2011.; Government Accountability Office, ***Defense Management: Comprehensive Cost Information and Analysis of Alternatives Needed to Assess Military Posture in Asia,*** May 25, 2011, GAO-11-316.

(22) 小川和久『普天間問題』ビジネス社、二〇一〇年、八八頁〜八九頁。

(23)「沖縄知事選、仲井真知事でもわれわれは沖縄を失った」『中央公論』二〇一一年一月号、一三三頁。

(24) Hillary Rodham Clinton, "Remarks with Japanese Minister of Foreign Affairs Seiji Maehara after their Meeting", January 6, 2011, http://www.state.gov/secretary/rm/2011/01/154069.htm, accessed on June 28, 2011.

(25) 半沢尚久氏は、日米両政府は恐らく三年間移転の期限を延長するよう同意すると捉えていた。「普天間と切り離し――共通戦力目標策定」『産経新聞』二〇一一年一月一三日。http://www.state.gov/secretary/rm/2011/01/154069.htm, accessed on June 28, 2011.

(26) "Summary of the Statements of Defense Minister Kitazawa and Secretary of Defense Gates at the Japanese Ministry of Defense", January 13, 2011, http://www.mod.go.jp/j/press/youjin/2011/01/13_gaiyou.pdf, accessed on June 28, 2011;「日米同盟強化で一致――米国防長官、首相、防衛省らと会談」『産経新聞』二〇一一年一月一三日。

(27) "Toward a Deeper and Broader U.S.-Japan Alliance: Building on 50 Years of Partnership', Joint Statement of the U.S.-Japan Security Consultative Committee, June 21, 2011, http://www.state.gov/r/pa/prs/ps/2011/06/166597.htm, June 21, 2011;「対中抑止全面に――2+2　普天間の期限撤回」『産経新聞』二〇一一年六月二二日。

(28)「首相、県外は困難」『産経新聞』前掲。

(29) Masahiro Matsumura, "Japan's Earthquake: The Politics of Recovery", ***Survival,*** vol. 35, no. 3, June–July 2011, pp. 19–25.

第6章　自衛隊による下地島空港の活用に備えよ

現在、沖縄県宮古島市下地島にある下地島空港はパイロット訓練飛行場として利用されている。ここでは、厳しさを増す南西諸島方面の安全保障環境に鑑みて、同空港を自衛隊機専用基地ないしは民間航空機との共用空港とするように提言したい。また、近年、同空港を巡る地方政治の情勢が大きく変容していることから、長年困難であった使用目的の変更がどのように可能となりつつあるのかを分析し、中央政府（とりわけ、防衛省・自衛隊）が具体的にどのように対応すべきかを考察する(1)。

1　戦略環境の変化と問題の所在

近年、わが国は中国の軍事的台頭に直面し、南西諸島に対する防衛の手薄さが懸念されている。南西諸島は弧を描くように北から大隅列島、トカラ列島、奄美群島、沖縄諸島、先島諸島（宮古列島と八重島列島からなる）と展開し、さらに東には大東諸島、西には尖閣諸島を含む。その長さは約一二〇〇キロメートル（九州南端と与那国の距離）、幅にして約一〇〇〇キロメートル（大東諸島と八重島列島の距離）であり、人口は約一六〇万人（最大都市は那覇市の三二万人弱）である。したがって、この地域は広大な海域に島嶼が散在する地理的特性を有している。

ところが、沖縄本島に強力な米軍（米空軍の嘉手納基地、米海兵隊の普天間基地）が存在するものの、自衛隊に関しては、陸自第一五旅団（約二一〇〇名）、空自南西混成航空団（F－15Jの一飛行隊）、海自第五航空群（P－3C哨戒機の二飛行隊）と海自第四六掃海隊（掃海艇三隻）など、僅かな部隊しか配備されていない。

また、宮古島に空自レーダー分屯基地があるが、そこから西の八重山列島には一切自衛隊基地も常駐部隊も存在していない(2)。もっとも、これらの島嶼に分散して部隊を常駐させることは、かつて日米戦争で米軍が行った「飛び石作戦」を想起すれば、本格的な軍事侵攻に備える防御としてはほとんど意味がなく、本土から主力部隊を敵軍の動きに対応させて緊急機動展開させるのが最も有効である。そこで重要となるのが、本土より来援する部隊や兵站の輸送ハブとして空港施設や港湾施設の確保である。さらに言えば、海上輸送は当該地域の制空権が確保されていることが前提となるから、本土（さらに、場合によっては米本土）からの制空戦闘機部隊及び必要な兵站・補給物資の空輸が最優先で必要となり、そのための空港施設の確保が最重要となる。また、初動の陸上部隊の緊急展開にも空輸が必要であるから、空港施設は必須である。

ところが、南西諸島全体における自衛隊の航空基地は軍民両用の那覇空港に集中しており、到底こうした必要性に充分応ずることができない。那覇空港は三〇〇〇メートル滑走路を一本備えていると

図２　沖縄本島、宮古島、下地島の位置関係

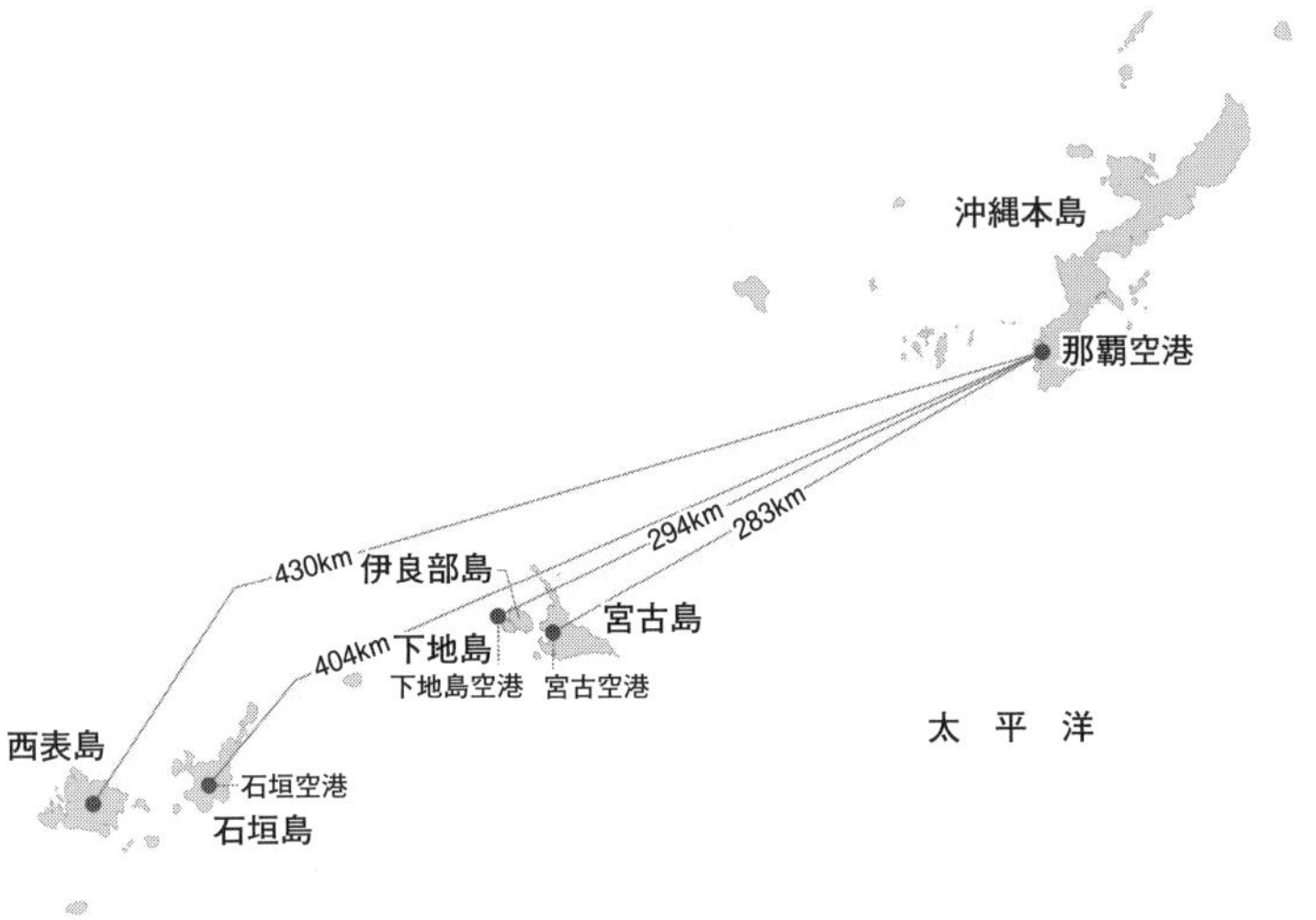

（出典）「下地島空港の概要」沖縄県下地島空港管理事務所、2014年１月、１頁を基に著者作成。

はいえ、既に国際・国内線の民間航空機で混雑している上に、陸海空自衛隊の航空機、さらには海上保安庁と沖縄県警の航空機が使用している。国土交通省の那覇航空管制当局にとって、民間航空の安全性を自衛隊機の防衛上の必要性、とりわけ航空自衛隊のスクランブル発進に優先せねばならない状況も多々あるのではないかと懸念される。現在、那覇空港に第二滑走路を増設する工事が進んでいるが、(3)予定通り二〇一九年一二月に完成するとしても、それまでこうした状況は解消されない。さらに、中国は近年、沖縄本島を射程に収めるますます多数の弾道ミサイルや巡航ミサイルを保有するようになってきていることから、その飽和攻撃に晒されれば、沖縄に配備されている日米のＰＡＣ－３（広域防空用地対空ミサイル）全能力をもってしても、その攻撃に対して那覇空港は極めて脆弱である。(4)

そこで、代替・補完空港施設として注目されるのが沖縄県宮古島市の下地島空港である。下地島は尖閣諸島から南東に約二〇〇キロメートルに位置するだけでなく、中国海軍が西太平洋へ進出する際には関門となる沖縄本島と宮古島の間、幅二六〇キロメートルの宮古水道にも近接している。（図2）二〇一五年に本土から那覇空港にある空自南西混成団に追加配備が予定されているF－15制空戦闘機の一個飛行隊を下地島空港に配備すれば、わが国の財政が逼迫している折、防衛費の大きな追加支出なしに、有事の際に予想される那覇空港への中国によるミサイル飽和攻撃に対して、わが国の航空戦力温存に大きく寄与できる。一般的に、二飛行隊を同じ空港に配備するのはミサイル攻撃や空爆に対して脆弱である。とりわけ、既に軍民両用の那覇空港が過度に混雑していることに鑑みると、有事に自衛隊機が緊急退避、分散できるか極めて怪しい。

下地島空港は申し分のない立地と設備を有しながら、政治的な事由により自衛隊による利活用が見送られてきた。ここでは、同空港の設備・施設面を概観するとともに、最近、同空港を巡る地方政治の状況が急速に変化し、自衛隊基地として利活用するための「機会の窓」が開きつつある点を分析する。なお、筆者は二〇一四年二月二六日から三月一日まで、宮古島市に赴き、同空港施設の見学と関係者への聞き取りを行った。

2　下地島空港の施設と用途

沖縄県には一三の空港が存在するが、国が管理する那覇空港を除いて、残りは沖縄県が管理している。後者の中で、下地島空港は最大である。那覇空港が長さ三〇〇〇メートル、幅四五メートルの滑走路一本有しているのに対して、下地島空港の場合は長さ三〇〇〇メートル、幅六〇メートルの滑走路一本を有している（図3）。また、那覇空港の誘導路（滑走路全長にわたって平行に設けられ、ターミナルなどから離陸のため滑走路端部への移動や、着陸後のターミナルへの移動を行う）が幅二三～二四メートルである一方、下地島空港は幅三〇メートルの誘導路と十分な駐機場を増設するスペースを備えている（一三空港中、四つが二〇〇〇メートル滑走路、三つが一五〇〇メートル滑走路、三つが八〇〇メートル滑走路を有している）。さらに、下地島空港はジャンボ機を含めたジェット機の離発着訓練に用いられるため、滑走路の両端は通常のアスファルト舗装ではなく、高強度のセメントコンクリート舗装となっており、ミサイル攻撃にもある程度耐えうる。さらに、下地島空港は航空保安無線、航空管制、電源、航空気象観測、航空灯火、消火救難、給油等の必要な施設・設備が充分整っている。とりわけ、滑走路の両端には計器着陸装置（ILS：Instrument Landing System）が設置されており、着陸する航空機に向けて指向性誘導電波を発射し、視界が悪くとも安全に滑走路上まで誘導できる（通常、東京国際空港等の大規模空港も含め国内の大多数の空港では、ＩＬＳは滑走路の

図３　下地島空港の設備

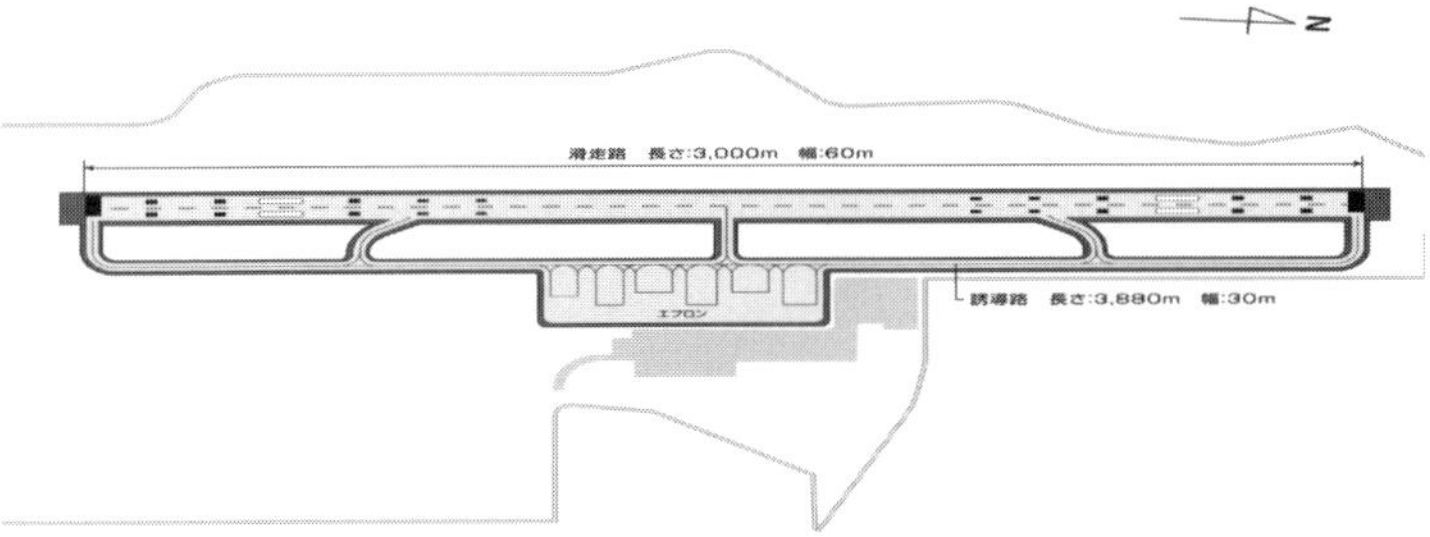

（出典）「下地島空港の概要」沖縄県下地島空港管理事務所、2014年２月、14頁を基に著者作成。

片側にしか設置されていない）。また、下地島に隣接する伊良部島の長山港にはタンカーが着岸でき、燃料を同港に隣接する給油施設から陸上パイプラインを用いて下地島空港に近接する二〇〇〇キロリットル貯蔵の航空機燃料タンク（民間施設）二基まで輸送できる[5]。さらに、下地島には燃料タンクを増設するスペースも十分ある。最後に、下地島には国土交通省大阪航空局下地島空港派出所と沖縄県下地島空港管理事務所の少数のスタッフが居住する宿舎施設があるのみで、一般住民はおらず、これらスタッフも近隣の伊良部島に移住することは容易い。一旦、伊良部大橋が完成すれば、宮古島本島からの自動車通勤も可能となる。下地島には実質的に住民問題は存在しない。

要するに、下地島空港は施設・設備面で輸送機等、大型航空機を含み、公共（民生）、軍用、両用、何れの用途の空港としても十分耐えることができる。ところが、現在、同空港は専らジェット・パイロット訓練のためにしか使われていない。なぜか。

まず、現状では下地島空港は通常の公共空港としても容易には使用できない。確かに、宮古島にある宮古空港は長さ二〇〇〇メートル、幅四五メートルの滑走路一本を備えているものの、

図４　宮古島：宮古空港、下地島：下地島空港

（出典）「下地島空港出張所の概要」国土交通省大阪航空局下地島空港出張所、2014年、９頁を基に著者作成。

誘導路がない。つまり、大型のジェット機には滑走路の長さが必ずしも十分ではなく、誘導路がないため、一機毎にターミナルと滑走路端部の間を移動せねばならない。このため、宮古空港は旅客の受け入れ能力に大きな制約がある。実際、同一の規模の新石垣空港は誘導路を有しており、沖縄本島からだけではなく、日本本土からの定期直行便が就航しており、多くの観光客の誘致に成功している。ところが、宮古空港は宮古島の中央部に位置しており、同島各所からの移動に便利なため、多くの住民は宮古空港を廃港にして、近接する離島にある下地島空港を使うことには賛同していない（図４）。

　宮古島と伊良部島を繋ぎ、下地島への車での移動を可能にする全長三

四五〇メートルの伊良部島大橋が沖縄県道二五二号平良・下地島空港線の一部として建設され、二〇一五年一月末に完成した。しかし、台風銀座のど真ん中に位置するこの地域は暴風に晒されることが多く、秒速一五メートル以上の暴風に見舞われれば、同大橋を閉鎖して車による交通を遮断せざるをえなくなる。その場合、離島にある下地島空港は実質的に機能しなくなるため、島外との交通を確保するためには宮古空港を完全に閉鎖するわけにはいかない。

さらに、日本政府と沖縄県の間に結ばれた合意があり、防衛目的で下地島空港を使用することはできない。この背景には、第二次世界大戦末期、民間人に多大な人的被害をもたらした沖縄戦やその後、今日に至る七〇年近く米軍基地との共存を強いられてきたため、沖縄県民が反戦的で平和主義的な政治文化を有していることがあろう。

つまり、一九七一（昭和四六）年八月、米軍政下の琉球政府と第三次佐藤内閣との間に交わされた文書（所謂、「屋良覚書」）によって[6]、(1)琉球政府（復帰後は、沖縄県）が同空港所有・管理し、その使用方法も決めること、(2)日本国運輸省（現国土交通省）は同空港を航空訓練と民間航空以外に使用する目的はなく、これ以外の目的に使用することを琉球政府（復帰後は、沖縄県）に命令するいかなる法令上の根拠ももたないこと、(3)ただし、緊急時や万が一の事態の時はその限りではないこと、が確認された。また、一九七九（昭和五四）年、沖縄県議会は「下地島空港は、民間航空機のパイロット訓練、及び民間航空機に使用させるものとし、自衛隊等軍事目的には使用させない」との付帯決議を採択した[7]。さらに、同年、西銘順治沖縄県知事から森山欽司運輸大臣に対する照会「下地島空港の管理について」、所謂「西銘確認書」（土空第六一号）と森山大臣からの回答書（空管第一三七号）によって「下地島空港は、人命救助、緊急退避等特にやむを得ない事情のある場合を除いて、民間航空機に使用させる方針で管理運用する」こと、「(下地島空港の)管理運営は、第一義的には設置管理者たる沖縄県が決める」ことが確認された(8)。この点、安倍内閣も政府の公式見解である質問主意書に対する答弁（内閣衆質一八三第六号、二〇一三〔平成二五〕年二月八日）によって再確認した(9)。

3 パイロット訓練路線の破綻

一九七九年以来、下地島空港は専らジェット機のパイロット訓練に用いられてきた（この間、一九七九年から一九九四年までの間、南西航空〔現・日本トランスオーシャン航空〕がＹＳ－11機による定期便を就航させていたが、その後、利用客が少なくなり運休となっている(10)）。沖縄県は同空港に対する着陸料を課すとともに、独立採算で同空港を管理・運営するために特別会計を設けている(11)。二〇一四年二月末現在、着陸料は毎回一〇万円（タッチ・アンド・ゴウ訓練により車輪が滑走路に触れ、そのまま停駐機せず離陸しても一回の着陸とカウントする）を徴収しているが、民間航空機以外の航空機の場合（例えば、海上保安庁の航空機）には、着陸料は課していない。また、その際、事前に全日空との合意がなければ、同社が空港近くに保有する燃料タンクから給油は受けることができない(12)。こうした管理・運営方針は「下地島訓練飛行場の建設にあたって支出された県費（県債を含む）は、同空港の訓練による飛行場収入で回収することとし、今後の維持管理費（村への交付金を含む）についても、県費の持ち出しをしないことを基本とした訓練使用料を設定する」とした一九七九年の上記

「西銘確認書」に基づいている。

ところが、近年、急速に下地島空港での訓練利用が激減し、それにともなって同空港の収入は激減している。訓練着陸回数に着目すると、一九九二年には最大の二万八五二六回を記録したが、二〇〇一年には七一二七回まで激減した。その後二〇〇九年には一旦、一万九〇四五回まで持ち直したが、二〇一三年（二〇一二年一二月までの集計）には四四二六回まで落ち込んだ。この背景には、先ずコンピューター画像技術の発達による高性能のシミュレーター（模擬操縦装置）の出現がある。シミュレーターの方が実際の飛行訓練よりも費用逓減と事故リスク低減の双方で格段優れている。下地島空港において主たる訓練を行ってきた日本航空と全日空の両社は「シミュレーターを備えた自社の訓練施設を羽田に所有しており、定期訓練やパイロットの運航機種変更に伴う操縦訓練などを実施している[13]」。また、仮に実地の飛行訓練が必要であっても、石油価格の上昇と円安ドル高の傾向が続けば、燃料費節約ために、海外訓練の方が格段安くつく。空港利用の低迷は不可避である。

こうした中、二〇一〇年五月より日本航空が下地島空港での訓練を停止し、二〇一三年に沖縄県に違約金一億七〇〇〇万円を支払って完全に撤退した[14]。その結果、同社と全日空の訓練による年六億円の収入が半額の三億円となり、沖縄県が全日空に同空港の維持管理費三億六〇〇〇万円の半額一億八〇〇〇万円の追加負担を求めていた[15]。結局、二〇一四年度に限り、全日空がこの負担を受け入れ、訓練使用料（つまり、着陸料）収入見込み分を除いた、不足分一億六〇〇〇万円弱を沖縄県が一般会計予算から繰り入れて充当することとなった。しかし、翌二〇一五年度以降、沖縄県が維持管理費全額を一般会計からの繰り入れで負担しなければならず、そうした負担の恒常化は「西銘確認書」に基づき沖縄県議会が敷いた下地島空港独立採算制に背くこととなる。沖縄県当局も下地島空港を訓練飛行場単独での存続は不可能となるのは火を見るより明らかであると捉えている(16)(仮に問題を先送りするために休港とした場合でも、再開に備えて維持管理に年一億円は必要であり、やはり県の一般会計予算からの繰り入れは不可避となる)(17)。

論理的には、独立採算ベースにのる非防衛目的での下地島空港の利用代替案があれば、空港経営は存続できる。しかし、沖縄県当局でさえ有効な代替案を見出すことには悲観的である。これまで、どのような選択肢が検討されてきたのであろうか。

4　下地島空港の利活用案

二〇〇八(平成二〇)年、宮古島市は「下地島空港等利活用計画書」を公表して、多岐に亘る選択肢を検討したが、有望な具体案を見出すことができなかった(二〇〇五年には、下地島空港がある伊良部町を含む宮古列島の六市町村は合併し、同空港の問題は新たに生まれた宮古島市の課題となった)。同報告書は一定のニーズがある選択肢として、①日本航空、全日本空輸による利用促進、②訓練する航空会社の拡大、③台湾・中国間物流の空のクリアランス機能の検討、④航空関連教育機関の立地、⑤観光・リゾート等による交流人口の拡大、⑥国際緊急支援活動の拠点空港、が挙げられている(18)。

しかし、既に述べたように、シミュレーターの導入により①②は無理であり、③は馬英九政権の緊張緩和政策による中台間直接の物流の拡大により意味がなくなった。⑤については既に指摘したように、宮古島本島の圧倒的多数の住民が島の中央部にあり、便利であるが受け入れ便数に大きな制約がある宮古空港の存続・使用を希望していることから、観光客の誘致拡大に障害となっている。実際、本土との定期直行便を就役させている新石垣空港に大きく後れを取っている。⑥については曖昧模糊としており、本土の自衛隊基地や那覇国際空港でも十分可能であろうから、あまり有望な選択肢とはいえない。最後に残るのが④であるが、公設民営の日本航空大学（仮称）――航空工学科（航空情報工学コース、航空観光コース）、一学年一四〇名×四年、専任教員二七名、職員二一名――の設立には一五〇億円が必要と試算されたが、資金の確保に全く目途がついていない。[19] さらに言えば、一八歳人口の減少や離島という立地を考えれば、学生の募集は極めて困難であろう。

この他にも、宮古島市の経済界には、「下地島に国際カジノを誘致して、アメリカ人観光客を多数誘致すれば、米第七艦隊が東シナ海に頻繁に遊弋《ゆうよく》するようになり、安全保障も確保できる」という突飛な考えがある。[20] 万一カジノが有効な施策であったとしても、沖縄本島や石垣島市にも誘致可能であり、宮古島市が必ずしも比較優位、競争力を有しているわけではない。

宮古島市の経済・社会情勢を概観すると、基本的には農業を主産業としており、宮古島市の財政も八割が補助金で賄っている「二割自治」の状態にある。したがって、産業振興施策に用いることのできる独自財源は極めて限られている。また、地域社会は着実に高齢化が進む一方、労働人口の若年層はかなり沖縄本島や日本本土に流出している。そこで観光セクターの振興が焦点となるが、本土との定期直行便がないなど、宮古空港の受け入れ能力に限界があり、頭打ちの状況にある。新石垣空港を整備した、石垣島市の後塵を拝している。それにも拘わらず、地域住民は便利な宮古空港の継続使用

を希望している。(21)

したがって、下地島空港の利活用方法としては、米軍基地の誘致を論外とするなら、自衛隊基地を誘致することが経済的には唯一現実的な選択肢である。自衛隊を誘致すれば、基地の消費する物資、隊員及びその家族による消費などにより地元経済に追加的な需要を創出することができる。また、サービス・セクターを中心に、新たな雇用が生み出され、若年労働力の島外流出の緩和に寄与するであろう。また、高齢化が進む地域社会の年齢構成を修正することができる。

実際、二〇〇一年（平成一三年）三月には、旧伊良部町長が定例町議会で下地島空港に自衛隊を誘致する方針を明らかにした。翌四月には同町臨時町議会がその旨決議し、国と沖縄県に要請した。ところが、二〇〇三年三月には、伊良部島以外の宮古列島地域の広域的な反対が強くなり、国と沖縄県に対する要請文を取り下げ、誘致を断念した。その後、二〇〇五年三月、再び旧伊良部町議会は「先島諸島圏域の安全確保のため緊急に下地島空港に自衛隊の駐屯を政府に要請する決議」を可決したが、反対運動が再燃し、結局要請は撤回された。こうした動揺の背景には、自衛隊誘致が経済的、財政的には唯一現実的な政策であるにもかかわらず、極めて強い反戦・平和主義の市民運動とそれに共鳴する地域社会のために、そうした政策が政治的には容易に受け入れられない構造がある。(22) もちろん、既に述べたように。後者の主張の法的基礎をなしているのが「屋良覚書」なのである。

5　展望と政策提言

今次の下地島空港を巡る新たな展開はこれまでの膠着状態を打開する「機会の窓」を開きつつある。同空港の独立採算制による経営は破綻しつつあり、沖縄県当局は今後一般予算からの繰り入れで補填し続ける意思を持たず、非公式ながら同空港を存続できないとの見通しを明らかにしている。つまり、同空港は近未来に休港を経て廃港となると思われる。

しかし、一旦廃港となれば、法的には「屋良覚書」など一連の公的文書は無効となる。「屋良覚書」は現存する下地島空港の使用目的・方法に関する合意であるから、廃港となってしまえば、その前提を失い、「覚書」自体も無効とならざるをえない。廃港後、沖縄県は滑走路を含め空港関連施設を単なる遊休不動産として保有する選択肢はあるが、それでも最低限の管理費は発生する一方、宮古島市の経済振興に無策であるとの批判に晒されることとなろう。総合的に考えれば、沖縄県が国に空港関連施設を売却し、その後国が不動産の利活用として自衛隊基地とすることが最も合理的な選択肢となろう。

ここまで分析したように、現状では沖縄県にとって下地島空港は財政的に「大きなお荷物」となっており、その利活用の現実的な方策もない。したがって、政府はことさら沖縄県に対して具体的な働きかけをする必要はなく、沖縄県が実務的な必要に迫られて選択するのを静かに待つべきである。さらに言えば、政府、とりわけ防衛省・自衛隊の幹部は個人的なレベルでも下地島空港の防衛目的での利活用を示唆する発言をすべきではない。例えば、二〇一三年二月一四日付けで『共同通信』『琉球新報』で報じられたようなケースは沖縄本島の反戦・平和主義的な政治文化、とりわけ沖縄県議会を不用意に刺激して逆効果となった[23]。

したがって、防衛省・自衛隊は下地島空港の将来については文字通り静観すべきである一方、その利活用の方策についてある程度詳細な政策パッケージを思考実験として複数練っておくべきだろう。具体的には、自衛隊の専用基地とする案だけではなく、航空自衛隊小松基地のように自衛隊管理の軍民共用の空港とする案も考慮しておく必要があろう。特に後者については、宮古島市の経済振興の観点から、観光業の繁忙期にチャーター便を受け入れる場合、大型機の定期便が就航する場合など、いくつかのケースを想定した分析が必要であろう。報道によれば、全日本空輸（ANA）が、二〇一四年度から下地島空港での操縦士実機訓練から撤退することとなり[24]、沖縄県はますます財政上厳しい状況に直面することとなった。本章での分析・提言はより時宜を得たものとなったと言えよう。

（註）

（1）この提言の要旨は、Masahiro Matsumura, "SDF should utilize Shimoji Airport", *Japan Times*, April 18, 2014, http://www.japantimes.co.jp/opinion/2014/04/18/commentary/japan-commentary/sdf-should-utilize-shimoji-airport/#article_history, 二〇一四年五月二五日アクセスを参照。

（2）現在、安倍政権は石垣島及び最西端の与那国島に沿岸監視のために小規模な陸自部隊を常駐させる計画を進めている。

（3）『琉球新報』（インターネット版）二〇一四年二月二六日 http://ryukyushimpo.jp/news/storyid-220213-storytopic-3.html, 二〇一四年五月一八日アクセス。

（4）Roger Cliff, *et.al. Entering the Dragon's Lair: Chinese Anti-access Strategies and Their Implications for the United States,* Santa Monica: RAND, 2007; and Eric Stephen Gons, *Access Challenges and Implications for Airpower in the Western Pacific*, a dissertation submitted to Parde RAND Graduate School, 2010.

（5）これらの燃料は日本航空と全日空が管理しており、二〇一四年二月の時点では、既に日航が下地島空港でのパイロット訓練を止めており、全日空が使用するタンク一基のみが使用されていた。タンク内の燃料は全日空が所有しており、事前に全日空の了解がなければ、給油を受けることができない。なお、民間ジェット機と自衛隊機（とりわけ、戦闘機）とは異なる成分の燃料を用いるため、下地島空港を自衛隊機専用とするか、軍民両用とするかによって、備蓄する燃料の種類やタンク増設などを考慮する必要があろう。

（6）琉球政府の屋良朝苗行政主席から丹羽喬四郎運輸大臣への文書「下地島パイロット訓練飛行場の建設促進について」（通海第七〇二号）、一九七一年八月一三日。山中貞則総理府総務大臣から同主席への文書（沖・北対策第二九五六号・空総第三九〇号）一九七一年八月一七日。http://tamutamu2011.kuronowish.com/yaraoboegai.htm, 二〇一四年五月二五日アクセス。

（7）同右。

（8）同右。

（9）http://tamutamu2011.kuronowish.com/yaraoboegakisitumonn2013.htm, 二〇一四年五月二五日アクセス。

（10）表「年度別定期航空便輸送状況」、「下地島空港の概要」、沖縄県下地島空港管理事務所、二〇一四（平成二六）年二月、一一頁。乗客数は一九八七年に最大の一万二二五四人を記録し、一九九四年には僅か一七〇七人となった。
（11）同右、二頁～三頁。
（12）沖縄県下地島空港管理事務所でのインタビュー、二〇一四年二月二七日。
（13）宮古島市「（一九年度）下地島空港等利活用計画書」二〇〇八年三月、二一頁、http://www.city.miyakojima.lg.jp/gyosei/kaihatsu/files/shimojijima_airport_plan.pdf, 二〇一四年五月二五日アクセス。
（14）『宮古毎日』二〇一三年三月九日。http://www.miyakomainichi.com/2013/03/47134/ 二〇一四年五月二五日アクセス。
（15）鵜飼秀徳「航空マニア、悲鳴の顛末――下地島から全航空会社が撤退か」『日経ビジネス（オンライン）』二〇一二年九月六日 http://business.nikkeibp.co.jp/article/report/20120905/236412/ 二〇一四年五月二五日アクセス。『宮古新報』二〇一四年二月二八日 http://miyakoshinpo.com/news.cgi?no=9850&continue=on, 二〇一四年五月二五日アクセス。
（16）沖縄県議会平成二六年第二回議会（二月定例会）議案処理一覧、二〇一四年四月一日 http://www.pref.okinawa.jp/site/gikai/h2602giannichiran.html, 二〇一四年五月二五日アクセス、『宮古新報』二〇一四年三月二八日、http://miyakoshinpo.com/news.cgi?no=10024&continue=on, 二〇一四年五月二五日アクセス。
（17）『琉球新報』二〇一四年一月一五日、http://ryukyushimpo.jp/news/storyid-217887-storytopic-1.html, 二〇一四年五月二三日アクセス。
（18）「下地島空港等利活用計画書」前掲、三三頁。

(19) 同上、五五-五六頁。
(20) 宮古島市の経済界関係者との面談、宮古島市、二〇一四年二月二六日。
(21) 宮古島市役所幹部との面談、同市役所、二〇一四年二月二八日。
(22) 「下地島空港等利活用計画書」前掲、一七頁。
(23) http://tamutamu2011.kuronowish.com/yaraobogakisitumonn2013.htm, 二〇一四年五月二五日アクセス。
(24) 「ANA、下地島から撤退へ」『宮古新報』二〇一四年三月六日 http://miyakoshinpo.com/news.cgi?no=9887, 二〇一五年三月二八日アクセス。

(参考資料)

「(平成二五年度版) 下地島空港出張所の概要」国土交通省大阪航空局下地島空港出張所。
「下地島空港の概要」沖縄県下地島空港管理事務所、二〇一四年二月。

海上自衛隊の護衛艦「いずも」（排水量19,500トン）
写真提供：海上自衛隊

第Ⅳ部 日本の防衛・軍事戦略

第7章 「動的防衛力」構想の含意と課題

二〇一〇年一二月、防衛省は一九七六年以来三度策定されてきた「防衛計画の大綱」（以下、「防衛大綱」）において一貫して中核的概念であった「基盤的防衛力」構想と決別し、「動的防衛力」なる概念を採用して、新たな「防衛大綱」及びその具体化に向けた新たな「中期防衛力整備計画」（以下、「中期防」）を発表した。さらに、それに先立つ二〇一〇年八月には、二〇一一（平成二三）年版『日本の防衛』（以下、『防衛白書』）を発行し(1)、その中で「動的防衛力」を概括的に説明する一方、「防衛力の実効性向上のための構造改革推進に向けたロードマップ――動的防衛力の構築に向けた全省的取組」（以下、「ロードマップ」）を発表した。

ところが、これらの文書の中では、「動的防衛力」がいかなる戦略に基づいているのか明示されていないし、当然そうした戦略と密接に関連させる形で自衛隊全体の装備、編成、態勢を具体的にどのように変化させるかも必ずしも明確でなかった。これは、わが国政府の戦略文書が米国のものと比して、大枠の方針から具体的な政策指針へと整合的に策定するシステムとはなっておらず、体系性と一貫性に欠けていたからであった(2)。実際、「動的防衛力」の必要性はもっぱら中華人民共和国の軍事的台頭、とりわけ南西諸島方面における中国人民解放軍の活動の著しい量的増大・質的強化への状況対応的な対抗策として説明されており、概括的に「動的防衛力」の内容及び方向性を示しても、資源配分における優先順位の点で既存のどの防衛力を断念するのか、それによってどの部分を強化するのかが明確にされていない憾みがあった。防衛省が「ロードマップ」を策定したこと自体、「動的防衛力」がまだ発想として提示されたばかりの初期段階にあり、自衛隊の変革がこれら新「防衛大綱」及び新「中期防」によって緒に就いたばかりであることを物語っていた。

そこで本章ではまず戦略論、とりわけ明治以来わが国が策定してきた幾つかの代表的な防衛・軍事戦略と比較対照する形で、「基盤的防衛力」構想と「動的防衛力」構想を分析し、その発想や基本的考え方を浮き彫りにする。次にそうした分析を踏まえて、「動的防衛力」構想が必然的に求めるべき資源配分の優先順位、とりわけ断念されるべき装備、編成、態勢を新たに取得されるべき、あるいは強化されるべき装備、編成、態勢と対比する形で明示する。

なお、本章の意図は「『動的防衛力』構想の含意と課題」を考察することにあり、この構想の妥当性を論じることにはない。つまり、「動的防衛力」に如何なる問題があるにせよ、一旦この分野で唯一の政府公式文書として採択された以上、この概念を何らかの理由で再度修正ないし廃止するまでは、それを前提としてわが国の防衛・軍事戦略を議論せざるを得ないとの立場を取っている。

1 軍事リスクへの対処を考える

国家が体系性と一貫性を有した戦略を策定するには、最も体系化が進んでいる米国の用語を用いれば、①「国家安全保障戦略」文書（国益を見極めた上で、地政学・地経学的な次元における、国際政治や国際経済の観点を含めた総合的な戦略）、②「国家防衛戦略」文書（政治・軍事レベルでの軍事活動や軍事力整備の方針）、③「国家軍事戦略」文書（作戦レベルでの軍事活動や軍事力整備の方針）、④作戦構想文書、の順に策定することが必要である。

二〇一〇年当時、わが国の場合、「国家防衛戦略」に当たる「防衛大綱」と「中期防」があるだけで、「国家安全保障戦略」と「国家軍事戦略」が存在しなかった（作戦構想に関する文書は当然あると思われる）。当時、国家安全保障戦略は政府公式文書として存在せずとも実質的には日米同盟を基軸として存在する一方、国家軍事戦略は形式的にも実質的にも存在していなかった。[3] この点は「基盤的防衛力」構想が「防衛力の存在による抑止効果に重点を置いている」こと、[4] つまり根本的に存在する防衛力の運用をあまり考える必要がなかったことを踏まえると不思議ではない。他方、「動的防衛力」は即応性や統合性を重視した「防衛力の運用」に力点を置いていることから、この概念はこれまで欠落してきた国家軍事戦略を補うことを志向しているといえる。

一般に、国家安全保障戦略により大枠が設定された後、政治指導者・政策担当者は国家防衛・軍事戦略を策定するにあたって、当該国家が直面する財政リスクと軍事リスクとの間にバランスを取らねばならない。直面する脅威や不確実性に対して万全を期して質量の両面で軍備を強化するとコストがかかりすぎるが、だからといって軽武装を選択すればそうした脅威や不確実性が顕在化した場合、うまく対処できるか大きなリスクを抱えることとなる。この選択は短期的な考慮と中長期的な考慮をいかにバランスさせるかの問題でもある。国家の軍事力の基盤がその経済力にある以上、現存する脅威や不確実性に対処するために過大に軍事費を支出すれば国民経済の負担（少なくとも、成長への機会コスト）を高め、中長期的に軍事力の基盤である経済力の充実を阻害する。逆に、軽武装はコストが安く、経済力の充実を阻害しないが、軍事的リスクを抱えることとなる。さらに、軍事費を一定にして財政リスクを所与とする場合でも、直面する脅威や不確実性の増大に対処するために既存の装備や兵站を充実させるか、それともそうした必要はないと判断して将来に備えて新兵器・新技術の開発に投資するかも選択せねばならない。したがって、軍事費の水準をどうするか、軍事費の支出配分をどうするかは極めて重要だが厄介な決定となる。

とはいえ、現在のわが国の場合は、もっぱら軍事リスクを考えて防衛・軍事戦略を策定すればよいと思われる。というのは、防衛費はＧＤＰの一％以下で近年漸減傾向が続いてきたため、衆目の一致するところ大幅な防衛費増加の見込みは当面見込めず、それにともなう財政リスクを考える必要はない。また、防衛費に占める軍事技術開発費は極めて限定的であり、従来わが国の防衛装備の開発・生産・調達が防衛産業の保有、開発する両用技術に多分に依存してきたことに鑑みると、あまり投資リスクを考慮する必要もない。

一般に、軍事リスクを捉えるには、主として地理的条件（とりわけ、海洋と大陸の関係）と列強の軍事バランスを分析すればよいが、わが国の地理的条件も近現代のわが国を取り巻く列強（中国、ソ連／ロシア、米国）も変化していない。確かに、列強の軍事バランスは、単純化していえば、日清戦争前の中国の優勢、日露戦争前のロシアの優勢、大東亜戦争／太平洋戦争前の米国の優勢、冷戦時代の米ソ二極構造における米国の優勢、冷戦後の米国による単極構造、現在の相対的に凋落する米国の優勢と急速な中国の台頭、という風に変動してきたが、わが国はそうした変動に対処するために防衛・軍事戦略の内容を変化させてきたわけであるから、その変化をみれば、わが国の防衛・軍事戦略における選択の幅と選択肢、その発想や基本的考え方の変遷、延いては変化のパターンを捉えることができよう。こうしたアプローチの方が直近の「基盤的防衛力」構想から「動的防衛力」構想への変化をみるだけよりも、深い理解が可能となろう。そこで、本章では、「（大日本）帝国国防方針」[5]（明治四〇年策定、大正七年改定、大正一二年改定、昭和一一年改定）、「帝国陸海軍作戦計画大綱」（昭和二〇年策定）[6]、「防衛大綱」（昭和五一年、平成七年、平成一六年、平成二二年策定）を取り上げる。ただし、本章の目的からすれば、「防衛大綱」に関しては、前者三大綱の基本となっている「基盤的防衛力」構想と平成二二年度「防衛大綱」の「動的防衛力」構想をみれば十分である。

2 戦争及び作戦形態の分類

防衛・軍事戦略の次元では、戦争の規模を想定し、政治レベルと作戦レベルでどのような戦い方をするかの方針、そしてそのためにどのような軍事力を整備するかを考えればよい。本章では、①制限戦争vs全面戦争、②決戦vs持久戦、③外線作戦vs内線作戦、④攻勢作戦vs防勢作戦、⑤着上陸作戦vs対着上陸作戦に着目して、これまでのわが国の防衛・軍事戦略を分析してみる。

第一に、全面戦争とは「大国間で生起する武力紛争であり、交戦諸国の全資源が投入され、主要交戦国の国家としての存続が賭けられる戦争」のことであり[7]、制限戦争とは全面戦争に至らない戦争のことである。

第二に、決戦は敵戦闘能力を撃滅するために、「彼我共に（その）意志を持ち、加動的である場合はもちろん、一方が決戦を回避しようとしても、他方が加動的に強制しうる場合は成り立つ」。持久戦は自己戦闘力を保持するために、「決戦を回避し、延期しようとする……劣勢軍の優勢軍に対する作戦である」。また、持久戦は「一般的には決戦に従属する作戦であることから、主作戦に従属した支作戦正面の作戦（地域的関係）と、主作戦において決戦に転移するまでの作戦（時間的関係）等がある[8]」。

第三に、外線作戦とは「敵に対して後方連絡線を外側に保持して数方向から求心的に行う作戦」であり、「態勢的にみれば敵に対し当初から包囲もしくは挟撃的な関係位置にあって作戦する」ことである。外線作戦は「敵を受動に陥れ主導の地位を獲得できる」が、「戦闘力の分離を生じ敵に乗ぜられる」恐れがある。外線作戦の典型は戦力の前方展開であり、そのために海外派兵や海洋出撃を行う。他方、内線作戦は外線作戦をとる敵に対して、「わが後方連絡線を内方に保持して戦う作戦」であり、戦力を集中して「横広または縦長に分離した敵に対する各個撃破」の作戦である。しかし、「各個撃破の成果が不十分な場合は受動に陥り、不利な決戦を強要される危険性がある[9]」。

第四に、攻勢作戦とは「敵を求めてこれを撃破しようとする積極可動的な作戦で」あり、「一もしくは数次の攻撃を主体とする作戦である」。攻勢作戦の目的は「主動の地位を保持して能動的に敵に決戦を強要し、敵部隊の撃破または地域の獲得を図る」ことにあり、その結果、相対的戦闘力の優勢を確立することにある。したがって、攻勢作戦は成功すれば、「わが意を敵に強要し、主動性を保持して敵に徹底的打撃を与えて自主的に作戦目的を達成できる」。しかし、失敗すれば、「戦闘力を急激に消耗する」。他方、防勢作戦は「敵の攻勢を待ち受けて、その企図を破砕しようとする作戦で、一もしくは数次による防御によるか、あるいはこれに攻撃その他の戦術行動を混用する作戦であ(り)」、「敵の攻勢を破砕し、または将来の攻勢転移あるいは他正面における作戦を容易にする。」防勢作戦は「勢力の劣勢を補いつつ時間の余裕を獲得し、敵の攻勢を破砕することができるが、敵に決定的打撃を与えることは困難であり、また受動的に陥り行動の自由を失いやすい[10]」。

第五に、着上陸侵攻作戦は「陸上における作戦目的を達成するため、海洋を越えて行う作戦行動で、地域的範囲は一般的には根拠地設定までであり、内陸に向かう作戦は一般作戦として扱われ……」、その目的は「所要の地域の攻略であり、方式としては海上からの機動攻撃、空中からの機動攻撃、両者の併用があ(る)」。この作戦は「本質的に攻勢作戦であり……、渡洋作戦であるために、航空優勢・海上優勢の確保、統合作戦、機動性、膨大な輸送力と資材が必要」である。他方、対着上陸侵攻作戦は「着上陸侵攻する敵に対し、その企図を破砕することを目的とする作戦」であり、その焦点は「敵の根拠地（海岸堡、空挺堡）設定をめぐる着上陸防御の諸作戦」にある。この作戦は本質的に防勢作戦であり、「受動性、対上陸・対空挺同時対処の可能性、敵着上陸部隊の弱点の短期性、初期作戦の成果の重大性、初期段階の戦力の分離、航空・海上劣勢下の作戦となる可能性が高い[11]」。因みに、大日本帝国海軍には海軍陸戦隊は存在したが、米海兵隊のように独立した兵種ではなく、ほとんど本格的に大規模な着上陸侵攻作戦を行うことはなかった。

上記のうち、①は戦争一般の分類であり、②③④⑤は元来、陸上作戦の基本的形態である。他方、海上作戦の基本形態には、⑥空母航空打撃戦、⑦対空戦闘、⑧対潜戦闘、⑨対水上戦闘、⑩機雷戦、⑪強襲両用作戦（着上陸作戦と表裏一体）、⑫護衛作戦が、航空作戦の基本形態には、⑬戦略的航空作戦（空爆）、⑭戦術的航空作戦（さらに、〈1〉対航空作戦、〈2〉航空阻止作戦、〈3〉近接航空支援作戦、〈4〉海上航空支援作戦［これは、空母航空打撃戦と表裏一体］、〈5〉航空偵察、〈6〉航空輸送）、⑮防空作戦があるが、これらは全て特定の機能をどう組み合わせ、どう使うかに焦点を絞った分類である。海空の作戦は①~⑤の構想によって多分に左右される一方、海空の戦力の多寡・有無は①~⑤の点でどのような特徴を持った国家防衛・軍事戦略を採るかを大きく制約する。例えば、短期決戦・外線作戦・攻勢作戦なら制空権・制海権を確保した上で強襲上陸作戦・着上陸侵攻作戦、さらには本格的な陸上戦力の投入となるであろうし、逆に海空の戦力が減退した状況では、もっぱら陸上戦力による持久戦・内線作戦・防勢作戦・対着上陸侵攻作戦を行わざるを得ない。したがって、近現代のわが国の国家防衛・軍事戦略を特徴付けるという限定的な分析目的のためであれば、主として陸上作戦の基本的形態（②③④⑤）を分類として使えばよく。海上作戦と航空作戦の基本的形態を考える必要はない。

3　わが国の国家防衛・軍事戦略の比較対照と評価
――類似点と相違点

(1) 日露戦争後から大東亜戦争終結まで

わが国は明治維新以後、朝鮮半島への関与・介入、そして日清戦争を経て、当初の国内警備型の戦力から次第に外征型の戦力を保有するようになり、日露戦争では満洲における大規模な陸戦と日本海海戦などを経験した。この間、東アジアの安全保障環境の変容に応じてわが国の政策も変化した一方、時折軍部指導者が天皇に意見書を建議することはあったが、「国家防衛・軍事戦略」に相当する体系的な政策文書はついに策定されなかった。(12) こうした状況は日露戦争を経て、ようやく「帝国国防方針」が策定されることで克服された。

初度（明治四〇年）策定の「帝国国防方針」は「帝国国防の本義（を）自衛とし」、「国防の方針は、国力にかんがみ、努めて作戦初動の威力を強大にして速戦即決を主義」とした。また、「国防は、露、米、仏の三国を目標とし、東亜においては攻勢を採りうる兵備を整える」としたが、実際には、明治三八年に日本が辛うじて日露戦争に勝利した後も、ロシアを陸海軍唯一の敵国と想定していた。米国はわが国の所要の海軍力を構築する際の基準とするための仮想敵国であり、フランスは露仏同盟のた

めに仮想敵国とされた。(13)

第一次（大正七年）改定版では、初度版（明治四〇年）の基本方針を踏襲する一方、第一次世界大戦が長期化していたため、「長期戦に堪えうる覚悟と準備（が）必要」とされた。(14) これは、第一次世界大戦が「戦争の従来の性格を戦争即戦闘、すなわち武力戦という概念から、『総力戦、長期持久戦』という概念に変え、同時に、戦争規模の拡大（が）、戦争を一国単独の戦争形態から同盟戦争や多国間戦争という複数国間の戦争形態に発展させた」からであった。(15) 実際、第一次改定版では、露、米、支の順で想定敵国を捉え、三国連合や露支連合の可能性を想定する一方、(16)「対米戦に際してはルソン島を攻略する」ことが加えられた。(17) したがって、初度版にある短期決戦・攻勢作戦のアプローチでは長期持久戦には対応できないことは明らかであったが、戦争の危機に直面していないなか、具体性を欠く形でやや情緒的に「長期戦に堪えうる覚悟と準備の必要」との字句を挿入したと思われる。

第二次（大正一二年）改定は、第一次世界大戦が終結し、ベルサイユ講和条約が締結された結果、ワシントン軍縮会議（大正一一年~同一二年）などに特徴付けられる国際協調の環境の下でなされた。第二次改定版では、「凡そ国防の安固を期せんには内国礎を鞏固にして国力の充実をはかり、外列国との厚誼を敦厚にして海外の発展を策し、武備を厳にして……列国と協調して紛争の禍因を除き、以って戦争を未発に防遏するに努めるとともに、一朝有事に際しては、国家の全力を挙げて敵に当たり、速やかに戦争の目的を達する」(18)「一旦緩急あらば攻勢を以て敵を帝国の領土外に撃破し、速やかに戦争の局を結ぶ」とし、(19) 基本的に第一次改定版を踏襲した。つまり、全面戦争と長期持久戦に強い懸念を持ちながらも、国家防衛・軍事戦略としては帝国領土周辺部及び海外における短期決戦・攻勢作戦のアプローチを堅持した。

とはいえ、第二次改訂版では、「想定敵国を従来の露、米、支の順序を米、露、支に順に改め、対米作戦においてはグアム島攻略（を）加え」、さらに「海軍の作戦は主として米国一国を目標としたが、陸軍は対数カ国作戦を基礎とする作戦を計画し、戦争が長期化することを考慮した」ため[20]、ますます基本戦略として短期決戦・攻勢作戦のアプローチとの大きな矛盾を抱えることとなった。こうした矛盾からを逃れるには、緒戦において敵を殲滅させる攻撃作戦を行う必要があったが、失敗すれば、戦力を失い、守勢に追い込まれ、持久戦ともなれば、完敗は必至となる非常に高いリスクを抱えた。

第三次（昭和一一年）改定は、第一次大戦後の国際協調の時代が終わり、ソ連が軍事大国となる一方、米国との対立を含め急速にわが国の国際的孤立が深まるなかでなされた。第三次改定版は「名実共に東亜の安定勢力となる国力、ことに武備を整え……一朝有事の際は機先を制してすみやかに戦争目的を達成する」ために、「国情にかんがみ、作戦初動の威力を大に（する）」とした。また、米ソとの戦争は必至、英支との戦争も可能性ありと捉え、「東亜大陸及び西太平洋を制（する）」ことができるよう、引き続き「長期戦に堪える覚悟と準備が必要」とした[21]。第三次改定版もまた基本的に従来の基本方針を踏襲し、緒戦での早期決戦をより強調する一方、想定敵国の増加と国際的孤立の深刻化の情勢認識を明示し、全面戦争・持久戦への懸念を一層強調したが、どう対処するか具体的な方針は示さなかった。さらに、第三次改訂版では、攻勢の終結点を何処に求め何処で講和するか、つまり戦勝をいかに達成するか全く不明であり、第二次改訂版の矛盾をさらに深刻にすることとなった。

これら四度の「帝国国防方針」策定・改定では、若干の変動はあるものの、基本的には制限戦争・（短期）決戦作戦・外線作戦・攻勢作戦・海外派兵を共通の特徴としている。この組み合わせは、国内での戦闘を回避する一方、海外において前方展開した戦力によって限定戦争を短期決戦で勝利する攻勢防御のアプローチである。日本の地政学的な特徴（ユーラシア大陸の大国である中国及びロシアに近接する一方、太平洋を挟んで米国と対峙している島国である）、国土の特徴（南北に細長く東西には縦深性を欠いている）、そして脆弱な国力（人口、天然資源、経済力）を考えると、日本が本土を主戦場とする全面戦争・持久戦・内線作戦・防勢作戦を行うのは無理であり、こうした「帝国国防方針」の特徴は必然的かつ妥当なものであったといえる。

したがって、大東亜戦争・太平洋戦争におけるわが国の完敗は制限戦争・（短期）決戦作戦・外線作戦・攻勢作戦・海外派兵のアプローチで全面戦争・持久戦・内線作戦・防勢作戦を戦わざるをえなかったところにあり、その根本的な原因はこうした国家防衛・軍事戦略の矛盾を克服する国家安全保障戦略を策定、実施できなかったことにある。つまり、わが国には米国や英国を相手に全面戦争や長期持久戦を行う国力はなく、勝利するには「装備を近代化し、先制や攻勢の連続による戦争初期段階での短期決戦……あるいは、戦争初期に有利な態勢を作り上げ、米英の戦力輸送が制限される極東地域での地の利を生かした各個撃破」によって、「局地的な戦果の累積によって（全面戦争）を戦い抜く」短期決戦作戦の連続に求めるしかなかった[22]。一旦、こうしたアプローチが破綻すれば、後は全面戦争・持久戦・内線作戦・防勢作戦に追い込まれてジリ貧とならざるを得なかった。

実際、マリアナ海戦（一九四四年六月）、レイテ沖海戦（一九四四年一〇月）に敗北し対米戦の中核である海軍の戦力が衰耗しきってしまうと、対米戦争は陸軍主体とならざるを得なかった。昭和二〇年一月、こうした状況で策定されたのが「帝国陸海軍作戦計画大綱」（以下、「計画大綱」）である。「計画大綱」は「皇土及之カ防衛ニ緊切ナル大陸要域ニ於イテ不抜ノ邀撃態勢ヲ確立」する一方、「陸海軍ハ侵攻スル米軍主力ニ対シ陸海特ニ航空戦力ヲ綜合発揮シ敵戦力ヲ撃破シ」、さらに「優勢ナル敵空海戦力ノ来攻ヲ予想シツツ主トシテ陸上部隊ヲ以テ作戦ヲ遂行スル」とした。特に「皇土要域ニ於ケル作戦ノ目的ハ侵攻ヲ破摧シ皇土特ニ帝国本土ヲ確保スル」としたことに如実に示されているが、「計画大綱」は全面戦争・持久戦・内線作戦・防勢作戦・対着上陸侵攻作戦の典型であった。しかし、「計画大綱」は暗に敵が講和を受け入れるよう「敵戦意ノ挫折シ以テ戦争目的ノ達成ヲ図ル」としており、とうてい勝利のための作戦計画ではなかった。(23)

これら「帝国国防方針」と「計画大綱」は戦後の「防衛計画の大綱」の特徴を基本的な発想と捉え方の次元において分析する上で比較対照の材料となる。

(2) 冷戦デタント期から今日まで

戦後、わが国が「国家防衛・軍事戦略」に相当する文書を初めて策定したのは昭和五一年度「防衛大綱」であり、その後、冷戦後の国際情勢の変化と自衛隊の国際活動に対応するために平成七年度「防衛大綱」、そして国際テロ、大量破壊兵器、弾道ミサイル防衛に対処するために平成一六年度「防衛大綱」が策定された。この間、「基盤的防衛力」構想が防衛力の水準や整備を左右する中核的な分析概念であったことはよく知られている。

「基盤的防衛力」構想は冷戦期の緊張緩和(デタント)を背景に「限定的かつ小規模な侵略までの事態に有効」に対処することができ(れば)よしと捉え、制限侵略戦争に対処することを前提としていた。また、侵略された場合には、「これに即応して行動し……極力早期にこれを排除する」としていることから短期決戦作戦への強い志向が分かる。また、侵略に対して「独力での排除が困難な場合にも、あらゆる方法による強じんな抵抗を継続し、米国からの協力をまってこれを排除する」としている一方[24]、強力な在日米軍が存在し、自衛隊にほとんど予備役の兵力がなく、弾薬等の兵站《へいたん》も十分でない状態が常態化してきたことを考え合わせると、[25]全く持久戦を想定していなかったことは明らかである。また、「基盤的防衛力」構想が策定される以前から今日まで一貫して、戦後のわが国は専守防衛を基本政策としてきた。つまり、「防衛上の必要から相手の基地を攻撃することなく、もっぱら我が国土及びその周辺において防衛を行う」ことであり、「相手から武力攻撃を受けたときに初めて防衛力を行使し、その防衛力行使の態様も自衛のための必要最低限にどどめ（る）」こととしていたのであるから、[26]極めて強く内線作戦・防勢作戦を志向していた。

　さらに、「基盤的防衛力構想」の下で書かれた『防衛白書』には、ほとんど常に「本格的な侵略事態への備え」として陸海空の作戦ドクトリンを示す図表と説明が載せられてきた。即ち、「防空のための作戦の一例」、「周辺海域の防衛のための作戦の一例」、「着上陸侵攻のための作戦の一例」である。基本政策としての専守防衛を踏まえると、海空の作戦ドクトリンが国土への侵略を未然に防ぐためであるのに対して、対着上陸侵攻作戦が国土への直接侵略を排除する最も根本的な防勢作戦である。したがって、「基盤的防衛力」構想は対着上陸侵攻作戦によって特徴付けることができる。実際、この構想の下では、陸上自衛隊に海外展開する能力を持たせず、その装備や運用は主に侵略側が国内に上陸してきた場合を想定すればよしとしていた。これに対して、「動的防衛力」構想（平成二二年）は「主要国間の大規模戦争の蓋然性は低下」し「大規模着上陸侵攻等の我が国の存立を脅かすような本格的な侵略事態が生起する可能性は低い」と見做す一方、従来の「防衛大綱」と異なり「実効的な抑止及び対処」、とりわけ、「島嶼部に対する攻撃への対応」を強調していることから、本章の分類に従えば、この構想が制限戦争を想定していることが分かる。また、新たに「島嶼部への攻撃に対しては、機動運用可能な部隊を迅速に展開し、平素から配置している部隊と協力して侵略を阻止・排除する」、「その際、巡航ミサイル対処を含め島嶼周辺における防空態勢を確立するとともに、周辺海空域における航空優勢及び海上輸送路の安全を確保する」としていることから、短期決戦に備えていることが分かる。[27] さらに、平成二二年度『防衛白書』の第Ⅲ部第1章「自衛隊の運用」で、従来の作戦ドクトリンを示す図と説明に先立って、新たに「統合運用体制における事態対処（イメージ）［島嶼部に対する攻撃への対応を例とした場合のイメージ］」を載せていることから、外線作戦・攻勢作戦・着上陸侵攻作戦を強く志向していることは明白である。

「基盤的防衛力」構想か「動的防衛力」構想へ基本方針を切り替えた背後には、従来の日米共同作戦を想定した本格的なわが国本土に対する侵攻とは異なり、島嶼部への侵攻に対しては、自衛隊は独力で対処せねばならない、つまり米軍の来援が期待できないとの見通し若しくは少なくとも非常に遅れる可能性を踏まえていることが窺える。こうした分析は、平成二二年度「防衛大綱」が「中国・インド・ロシア等の国力の増大ともあいまって、米国の影響力が相対的に変化しつつあり、グローバルなパワーバランスに変化が生じている」との情勢認識を明示していることから、ほぼ確実だといえるだろう。

（3）歴史的観点からの「動的防衛力」構想の評価

以上の近現代のわが国の国家防衛・軍事戦略を五つの戦争・作戦形態に着目して比較対照したのが

表3　わが国の国家防衛・軍事戦略

戦略＼作戦形態	制限戦争 vs. 全面戦争	決戦 vs. 持久戦	外線作戦 vs. 内線作戦	攻勢作戦 vs. 防勢作戦	着上陸侵攻作戦 vs. 対着上陸侵攻作戦
帝国国防方針 初度版（明治40年）	制限戦争	短期決戦	外線作戦（海外）	攻勢作戦	—
第一次改定版（大正7年）	制限戦争＋α	短期決戦 → 持久戦準備	外線作戦（海外）	攻勢作戦	—
第二次改定版（大正12年）	制限戦争＋α	短期決戦	外線作戦（海外）	攻勢作戦	—
第三次改定版（昭和11年）	制限戦争 → 全面戦争準備	短期決戦 → 持久戦準備	外線作戦（海外）	攻勢作戦＋防勢作戦準備	—
帝国陸海軍作戦計画大綱（昭和20年）	全面戦争	持久戦	内線作戦（国内・本土）	防勢作戦	対着上陸侵攻作戦
基盤的防衛力構想	制限戦争	短期決戦 → 米軍依存	内線作戦（国内・本土）	防勢作戦	対着上陸侵攻作戦
動的防衛力構想	制限戦争	短期決戦	外線作戦（国内・島嶼）	攻勢作戦	着上陸侵攻作戦

（筆者作成）

表3である。戦前の定石は制限戦争・短期決戦・外線作戦・攻勢作戦の組み合わせの国家防衛・軍事戦略であり、これがわが国の存在条件（地政学的特徴と国力）にとっての必然であった。ところが、高次の国家安全保障戦略で失敗し国際的孤立を深めると、全面戦争・持久戦に対して短期決戦アプローチの延長線上で準備せざるをえなかった。実際、一旦戦争が始まると、緒戦こそ攻勢作戦で成功裏に戦ったものの、戦線が拡大し、戦争が長期化すると、よりリスクの高い攻勢作戦の危険を冒した。さらに、それに失敗して戦力の衰耗に直面すると、じり貧となり内線作戦・防勢作戦へと移行せざるを得ず、結局、典型的な対着上陸侵攻作戦である「本土決戦」の準備へと追い詰められた。冷戦デタント期に策定された「基盤的防衛力構想」は全面戦争・持久戦こそ想定していない（つまり、本章での分類に従えば、制限戦争・短期決戦を想定している）ものの、多分に「帝国陸海軍作戦計画大綱」（昭和二〇年）の本土における内線作戦・防勢作戦・対着上陸侵攻作戦の発想を引きずっているといえる。しかも、もし米軍が来援しなければ、短期決戦の継戦能力で持久戦を戦うこととなり、潜在的に大きな矛盾を抱えていた。

とりわけ、専守防衛の基本政策の下、航空自衛隊は本土防衛・制空権確保のための要撃が、海上自衛隊は海上交通路防衛と対潜水艦作戦が各々主たる任務であったことに鑑みると、陸上自衛隊の態勢に注目すべきである。その戦力は決して強力だとは言えなかったが、その部隊配置（北部方面隊、東北方面隊、東部方面隊、中部方面隊、九州方面隊）の担当区域は、「帝国陸海軍作戦計画大綱」で示された第五方面軍・北部軍管区（北海道地方）、第一一軍・東北軍管区（東北地方）、第一二軍・東部軍管区（関東・甲信越地方）、第一三軍・東海軍管区（東海・北陸地方）、第一五軍・中部軍管区（関西・中国・四国地方）、第一六軍・西部軍管区（九州）[28]と、東海軍管区と中部軍管区の地域が統合されている以外はほぼ一致する。旧軍管区司令部が作戦指揮系統での中枢であり、陸上自衛隊の方面総監部が部隊指揮管理での中枢であることから、単純に両者を比較するのは妥当ではないが、海上自衛隊と異なり、陸上自衛隊が従来から旧軍との継続性を否定してきたことに鑑みると、メンタリティーの次元での相似点に刮目すべきだろう。

他方、「動的防衛力」構想は本土から遠く離れた島嶼部とはいえ、わが国領土（つまり、国内）への部隊の緊急展開や実力行使を想定しているという意味で専守防衛の範囲にとどまるが、外線作戦・攻勢作戦・着上陸侵攻作戦アプローチを明確に志向しており、「基盤的防衛力」構想から決別している。このように捉えると、「動的防衛力」構想への移行は戦後六五年余を経過し漸く「本土決戦」のメンタリティーを克服し、わが国の地政学的特徴と国力に見合った国家防衛・軍事戦略へと回帰する重要な第一歩を踏み出したことを示唆している。

4　「動的防衛力」構想に必要な装備、部隊編成及び態勢

「動的防衛力」構想の実現は三〇年以上に亘って定着してきた「基盤的防衛力」構想による防衛力整備、部隊編成、態勢の構造改革を必然的に伴うため、容易ではない。旧「構想」は「（自衛隊の）防衛力の存在自体による抑止効果を重視」[29]して、「防衛上必要な各種の機能を備え、後方支援体制を含めてその組織及び配備において均衡のとれた態勢を保有すること」を求めていた。[30]しかし、これで

は「標準的な装備の部隊をまんべんなく配置すればよいという発想」に陥り易く、(31)新構想そしてその実現のための「ロードマップ」が求める「所要の地域へ（の）各自衛隊の部隊や統合部隊（の）迅速（な）展開」及び「効果的な事態の抑止・対処にあたる機動展開」を可能とする能力は容易には実現できない(32)。

現在の厳しい国家財政の下では、防衛費の大幅な増加は望めず（実際には、二〇一三〔平成二五〕予算年度までに先立つ一〇年程、継続的に微減しており）、現有の装備と部隊編成に追加する形で新たに機動展開や着上陸侵攻作戦に必要な能力を保有することは不可能である。そこで、平成二二年度「防衛大綱」は「本格的な侵略事態への備えとして保持してきた装備・要員を始めとして自衛隊全体にわたる装備・人員・編成・配置等の抜本的見直しによる思い切った効率化・合理化を行った上で、真に必要な機能に資源を選択的に集中して防衛力の構造的な変革を図り、限られた資源でより多くの成果を達成する」としている。

確かに、平成二二年度「防衛大綱」では新たに必要な能力が何であるかは比較的明瞭であり、「ロードマップ」では冒頭に「1．統合による機能の強化・部隊等の在り方の検討」を載せ、七つの分野を列挙している。しかし、こうした強化の実現に必要な財源や人員を捻り出すため、何が断念されるべき能力か、何れの能力が重複しており削減されるべき能力であるのかは判然としない。実際、「ロードマップ」は機能強化のイメージや検討の手順を示しても、具体的に廃止ないし削減されるべき装備、部隊、態勢を挙げていない。

新構想によって陸海空の三自衛隊は各々変革に迫られているが、最も大幅に変革されるべき対象が陸上自衛隊であるのは、既に本章で論じた新構想の史的評価を踏まえれば当然である。海空自衛隊は従来から既に機動展開能力を有し、統合運用に必要な情報通信システム能力をかなりの程度整備してきたのであるから、必要な変化は既存の路線での漸進的な質的改善と適度な量的拡大である。他方、平成二二年度「防衛大綱」も明記するように、陸上自衛隊は旧「構想」における内線作戦・防勢作戦・対着上陸侵攻作戦に必要な重武装であるが機動性の低い能力を必要最低限に削減する一方、新たに外線作戦・攻勢作戦・着上陸侵攻作戦を遂行できる能力を保有する画期的な変革を遂げなければならない。

とはいえ、平成二二年度「防衛大綱」は「グローバルな安全保障環境の趨勢《すうせい》は、相互依存関係の一層の進展により、主要国間の大規模戦争の蓋然性は低下」し、「大規模着上陸侵攻等の我が国の存立を脅かすような本格的な侵略事態が生起する可能性は低い」と捉えており(33)、「動的防衛力」構想が求めているのは、「基盤的防衛力」構想が想定した「限定的かつ小規模」以下の規模の島嶼部への侵攻を阻止、撃退する機動展開能力である。この能力はせいぜい米海兵隊の海兵隊遠征隊（MEU：Marine Expeditionary Unit, 総兵員約二二〇〇人）規模の強襲上陸作戦・着上陸侵攻作戦を遂行する能力である。この単位は、さらに大きな戦闘を想定した海兵隊遠征旅団（MEB：Marine Expeditionary Brigade, 総兵員約三〇〇〇～二万人）や海兵隊遠征軍（MEF：Marine Expeditionary Force, 一個海兵師団＋一個海兵航空団）には遠く及ばず、既存の陸自部隊の典型的な分類を使えば、二～三個連隊を継続的に投入する能力である（つまり、出動、整備・補給、待機の三セットで六～九個連隊が必要である）。この規模を超える侵攻には、本土から師団規模の部隊の展開が必要となり、おそらく海自・空自の輸送能力だけでなく、民間の船舶や航空機を用いた兵員、部隊、物資の輸送が不可欠となる。さらに、米軍とりわけ米海兵隊の支援も必要となろう。

したがって、「動的防衛力」を構築するには、陸上自衛隊から既存の部隊を再編制して六～九個連隊を海兵隊化するとともに、その機動展開のための海上及び航空輸送力を確保すればよい(34)。また、制空権及び制海権を確保した上で、島嶼部への侵攻部隊を阻止、撃退するために近接航空支援や艦対地攻撃能力を整備せねばならない(他方、新旧の「防衛大綱」においてミサイル防衛に対する扱いは大きく変わっておらず、ミサイル防衛政策が平成二二年度「防衛大綱」が求める変革に大きな影響は与えないと捉え、本章での分析の対象とはしなかった)。

こうした「動的防衛力」構想を実現するために必要な変革を以下、陸海空、三自衛隊について各々具体的に提示する。

(1) 海上自衛隊

① 遠征打撃群

海上自衛隊は米海軍のタワラ級(排水量四万トン弱)やワスプ級(四万トン強)の大型強襲揚陸艦を保有していないが、実質的にはヘリ空母であるDDH「ひゅうが」(一万三九五〇トン)及び「いせ」(一万三九五〇トン)の二隻、一万九五〇〇トン級DDH「いずも」の一隻+α、LST「おおすみ」(八九〇〇トン)型輸送艦三隻を組み合わせて、小規模な遠征打撃群(Expeditionary Strike Group)を構築することが考えられる。「おおすみ」型輸送艦は船体内に航空機格納庫を持たず、ヘリの離着陸にしか使えないが、格納庫を有する「ひゅうが」級及び次級DDHと併用することで大型強襲揚陸艦に匹敵するヘリ運用能力を持てる。また、「ひゅうが」級及び「いずも」級DDHはエア・クッション型揚陸艇(LCAC : Landing Craft, Air Cushioned)を搭載していないが、「おおすみ」型輸送艦は各々二艇を搭載している。さらに、「ひゅうが」級及び「いずも」級DDHにスキージャンプ勾配を増設すれば垂直／短距離離着陸機（V／STOL機）を搭載することができよう。現在のところ、世界的にみて実戦配備されている代表的なV／STOL機は対地・対艦攻撃機（つまり、制空・要撃には不向き）の亜音速のハリアーであるが、将来的にF35ライトニングの空母搭載型が実用化されれば、限定的な航空優勢の能力も期待できる。

とはいえ、（DDH一隻＋「おおすみ」型一隻）×三では十分な強襲揚陸能力を提供できない。時間的、財政的制約を克服するには、これまでブラジルやインドが行ってきたように、中古空母を購入し、大型ヘリ空母とする方法も検討すべきだろう（ただし、莫大なコストを要するため、F18などの戦闘機を搭載する通常空母としての運用は断念すべきだろう）。例えば、通常推進型の米退役空母（キティ・フォーク、コンステレーション、J・F・ケネディ）を購入ないしリースするという手法もあるだろう。また、英オーシャン級ヘリ揚陸艦や仏ミストラル級強襲揚陸艦のように、脆弱性のリスクを冒しても建造費を抑えるために商船構造のものを補助的な全通甲板型揚陸艦として追加的に保有する選択肢も考えられる。ただし、この追加策は人的増員が大きくなり過ぎて、現状の防衛費では賄いきれず、実現不可能である。防衛費の純増を見込めない現状では、陸自の大リストラによって予算枠や人員枠を確保するしかないであろう。万一それができたとしても、人員の養成に必要な期間を考えれば、中期的な検討課題である。

② 護衛艦

護衛艦はイージス艦、DDH、新型汎用護衛艦（「あきづき」型）など、大型化が進む一方、その総数は昭和五一年度「防衛大綱」では約六〇隻、平成七年度「防衛大綱」では約五〇隻、平成一六年度「防衛大綱」では四七隻、平成二二年度「防衛大綱」では四八隻とかなり減少してきた。二〇一〇年では、兵員数が約七・五倍の米海軍の主要水上戦闘艦が約一一四隻、兵員数八割弱の英海軍が二五隻であることを考えると、(35) 海自の護衛艦保有数が三五～四〇隻まで削減されても決して不思議ではない。(36) さらに、わが国周辺海域の防衛に限定し、情報通信システムとの高度データリンクや航空機による対艦攻撃能力と組み合わせれば、護衛艦よりもかなり小型のコルベット艦や高速ミサイル艇でもかなりの代替が可能であろう。

③ 哨戒機

P3C（二〇一一年現在、九一機保有）はもともと対潜哨戒機であったが、(37) 不審船対策、東シナ海ガス田監視、尖閣列島監視など、一九九八年から水上艦船・艦艇に対する監視強化を担うようになった。このため、対潜水艦魚雷と対潜爆雷だけでなく対艦ミサイルを装備するようになった。(38) 海自は老朽化するP3Cに替えて、潜水艦探知能力、航続距離・進出速度、捜索・認識能力を向上した新型哨戒機P1を六五機調達することを決めた。(39) しかし、防衛調達費の制約がさらに厳しくなれば、この機数は削減される可能性があろう。

その場合、インフラ部分も含めて総合的なコストが低ければ、攻撃能力も持たない純粋な偵察機であるRQ4グローバル・フォーク、偵察だけでなく対地・対艦攻撃もできるRQ1プレデターのような無人航空機を調達・配備する方法で補完することも考えうる。無人機は長時間に亘って作戦行動を継続でき、人員、運用コスト面で優れている。

④ 潜水艦

財政的制約と大型化のため、次第に護衛艦の数が少なくなるなか、潜水艦の重要性はますます高くなってきた。実際、平成二二年度「防衛大綱」は潜水艦の保有総数を従来の一六隻（＋練習用二隻）から二二隻（＋練習用二隻）へ増強する方針を示した。計二四隻を作戦行動、整備・補給、待機の三セットとすると、常時八隻が警戒・監視にあたることを意味している。宗谷、津軽、対馬の三海峡に各々一隻あてるとすると、南西諸島方面を含めその他の海域に五隻、三海峡の各々二隻あてるとすると、その他海域に二隻が展開できる。しかし、高速移動できる攻撃型原子力潜水艦と違って[40]、海自が保有するのは全て通常型潜水艦であるから、その運用は基本的には待ち伏せによらざるをえず、常時一二～一四隻（三海峡で六隻、その他、東シナ海、日本海、日本近海の西太平洋で六～八隻）を展開するためには、できれば総数で四〇隻程度は欲しいところである[41]。

ますます厳しくなる防衛費や人員の制約に鑑みれば、潜水艦の隻数を増やすには少なくとも艦艇の一部を現在、総基準排水量三〇〇〇トン弱から半分程度の大きさの潜水艦にするのが有効な方法である。一般的に、大型の潜水艦には有利な点も多いが、条件が同じならば、小型のものよりも見つかり易い。他方、東シナ海（水深二〇〇〇メートルの沖縄トラフを除けば、大部分の水深が二〇〇メートル以下）や日本本土周辺海域での作戦であれば、世界の通常型潜水艦の典型である一五〇〇トン弱で十分であろう。したがって、今後は「防衛大綱」別表の潜水艦に関しては、隻数ではなく総基準排水トンで示し、かなりの新造潜水艦を中型にすることを検討すべきだろう。実際、現在の海自潜水艦より若干大型の豪州海軍のコリンズ級通常推進型潜水艦は四〇名弱で作戦遂行できるシステム化により、人員を増やさずに保有隻数と継戦能力を向上している[42]。中型潜水艦であれば、一隻当たりの要員数をさらに削減でき、ここでの提言は極めて実現性が高い。

(2) 航空自衛隊

① 次期戦闘機

F－4ファントムの後継機だけでなく、老朽化している未改修F－15イーグルの後継機も大きな問題であるが、どの機種を採用するかは「動的防衛力」構想に求められる自衛隊の構造変革に直接には関係ない。従来と同様、航空優勢を維持するための要撃能力は維持・強化せねばならず、焦点は本章で論じた構造変革に障害とならないよう調達費を制御することにある。また、要撃機能だけでなく攻撃・近接支援機能も有するマルチ・ロール機であればなおさらよい。つまり、航空自衛隊が攻勢的防御能力を強化しようとする場合の政策上の焦点は機種の選定に帰着する。この点に関しては、次章で論ずる。

② 無人機

すでに述べたように、RQ4グローバル・フォークやRQ1プレデターのような無人航空機は既存の偵察機RF－4E／Eを不要とし、戦闘機F－2を補完することができる。戦闘機パイロットの志望者の確保や育成がますます困難となっているなか、優れた代替手段である。こうした大型無人機の運用に関しては、統合司令部による運用を行う必要があろう。

③ 近接支援

従来、専守防衛の理念から、空自は要撃を重視し、陸自の作戦に対する近接支援には高い優先順位は置いてこなかった。そこで、現在、純粋な練習機として使われている亜音速のジェット機T－4（二〇一一年現在、一九九機保有）[43]の一部を対地攻撃へ転用することが考えられる。この種の練習機は発展途上国では軽攻撃機に転用されている。また、「T－4によく似たイギリスのホークや、フランス・ドイツのアルファジェットなども、数発の爆弾と自衛用の短射程空対空ミサイルを装備できる」。T－4改の「搭載可能兵装は最大二発のMk82・M117通常爆弾……であり、さらに自衛用として短射程AAM－3九〇式対空誘導弾を二発」を装備可能である。さらに、各種の対空、対地・対艦ミサイル（対戦車ミサイルを含む）、ロケット弾、機関砲ポッド、偵察ポッド、電子戦ポッドの搭載も考えられる[44]。

したがって、わが国本土及びその周辺でのT－4改の運用は陸自の戦闘ヘリをかなり代替することが可能であろう。また、航続距離が一三〇〇キロメートル程度と短いが、南西諸島に散在する空港を利用すれば島嶼防衛にも有用である。例えば、先島諸島に空港・補給拠点さえ確保できれば、尖閣諸島も十分にカバーできる。ただし、兵器を搭載した場合、重量の増加のため、航続距離は数百キロメートル程度となり、尖閣諸島での滞空時間は二〇～三〇分程度に限定されるかもしれない。

④ 輸送機

従来から、航空自衛隊の空輸能力は慢性的に不足してきており、この状況はしばしば海外に部隊展開する際に露呈してきた。また、海外からの邦人救出・輸送にも全く十分ではない。しかし、現在の厳しい財政的制約の下では、当面、現在計画されている次期輸送機（C－X）の調達・配備計画を粛々と行うしかないだろう。

（3）陸上自衛隊

① 部隊編成・態勢

既に、分析したように陸上自衛隊の態勢は一九四五年の「帝国陸海軍作戦計画大綱」の影を引きずっており大胆なリストラが必要である。海上自衛隊は自衛艦隊司令部、航空自衛隊は航空総隊司令部により一元的に指揮・統制されている一方、陸上自衛隊は方面隊（北海道、東北、東部、中部、西部）の方面総監部によりバラバラに指揮・統制されている。これでは、統合幕僚監部が五方面総監部を調整せねばならず極めて非効率的であり、場合によっては、効果的に機能しない。平成二二年度「防衛大綱」の策定準備の段階で検討され見送られた、五方面総監部の完全廃止及び陸上総隊司令部創設を断行し、支出枠、人員枠を捻出すべきである。[45]

さらに、全国にある一五〇を超える駐屯地等を大幅に削減・再編成し（例えば、当面一割減）、組織の簡素化、基地管理経費の削減を断行すべきである。[46] こうした例は、ポスト冷戦期、大幅な基地数の削減に繋がった米国防総省の「米軍基地再編・閉鎖」（BRAC：Base Realignment and Closure）、とりわけ米国内における米軍基地削減に対する地元の強い抵抗を政治的に押し切って断行した手法を参考にすべきである。[47]

②戦　車

陸上自衛隊が保有する主力戦車（MBT: Major Battle Tank）は平成七年度「防衛大綱」では約九〇〇両、平成一六年度「防衛大綱」では約六〇〇両、平成二二年度「大綱」では約四〇〇両と削減されてきた。こうした削減は「動的防衛力」構想が出される前、依然として「基盤的防衛力」構想が有効だとされていた段階に、もっぱら冷戦型脅威の減退と防衛費の漸進的削減の条件の下でなされた。平成二二年度「防衛大綱」において、わが国本土に対する着上陸侵攻はほとんど考えられない（文言上は、「可能性は低い」）という状況判断を下したのであるから、戦車の保有はさらに三〇〇両程度まで削減しても問題はないだろう（より楽観的な見通しを持てば、二〇〇両程度まで削減しうる）。こうした観点から、わが国と同じように着上陸侵攻の可能性がほとんど想定できない）英国の例（二〇一一年現在、三二五両(48)）が参考になるだろう。ただし、英陸軍の場合、国土のかなりの部分（スコットランドやウェールズの山岳地帯を除く）が平坦で戦車の移動・展開に適していること、海外派兵で戦車を用いる場合を想定していることから、その分、割り引いて考える必要がある。

実際、わが国の周辺諸国には着上陸侵攻の意図と能力（とりわけ、大規模な強襲上陸能力）の双方を合わせ持つ国は存在しない。また、仮にロシアが仏ミストラル級強襲揚陸艦を調達し、極東に配備したところでこうした大勢に大きな影響はない。というのは、定石である「攻撃三倍の法則」（戦闘において有効な攻撃を行うためには相手の三倍の兵力が必要）を踏まえれば、例えば、わが国が北海道に一〇〇両の戦車を配備していれば、敵は三〇〇両の戦車（同程度の能力を持つと仮定）を揚陸させねば勝利できないからである。

さらに、現実の対着上陸侵攻作戦は陸上部隊だけで戦うものではなく、航空戦力による近接支援や海上艦艇からの艦砲射撃とも組み合わせることができるのであるから、陸上自衛隊が保有せねばならない戦車数は敵戦車の三分の一以下でよい。大量の戦車が必要となる場合は、冷戦型の大規模な着上陸侵攻に対して制海権、制空権を失った状況で継戦せざるを得ない場合であるが、平成二二年度「防衛大綱」はこうした状況はほとんどないと捉えている。また、対ゲリラ戦でも戦車は非常に有効であるが、大口径の砲を搭載する戦闘装甲車両でかなりの程度代替できる。確かに、戦車と比して脆弱な装甲車両には軍事リスクが伴うが、これは平成二二年度「防衛大綱」の下では甘受すべきリスクである。

③ 装甲車両及び輸送トラックのファミリー化

陸上自衛隊は多種の装甲車両等（七三式装甲車、九六式装輪装甲車、八二式指揮通信車、八七式偵察警戒車、二〇三自走榴弾砲、七五式自走一五五ミリ榴弾砲、九九式自走一五五ミリ榴弾砲、多連装ロケットシステムＭＬＲＳ、新規調達予定の機動戦闘車両など）を各々比較的少量保有している。個別に軍事仕様を指定した多様な装甲車両を生産することは軍事リスクを低減できても、少量生産だと割高となり、高い財政リスクを抱えてしまうことになる。最近の国際的な潮流では、米軍のストライカー装甲車に代表されるように、車体などの共通部分の共有化（ファミリー化）を進めることで、財政リスクの制御により重点を置いたアプローチが採られるようになっている。この種のファミリー化された装甲車は戦車と比べて火力や装甲が弱く、無限軌道型の車両と比べて安定性が低いなどの欠点があるが、空輸性、路上機動性等の優れた機動力を有しており、島嶼防衛や本格的な対着上陸侵攻作戦に満たない烈度の作戦なら比較優位を有している。

防衛省は「将来装輪戦闘車両の研究」（平成一七年〜一九年）の結果を踏まえて、(49) キャビンタイプ車両とハッチタイプ車両の双方でファミリー化の方向性を打ち出し、平成二〇年三月には「統合運用の視点に立った装備品取得について」を発表したが[50]、依然として平成二四年度予算概算要求でも従来の機種の調達が提案され続けられており[51]、迅速に進捗しているとはいえない。これまでのところ、ファミリー化の基本となる車両のデザインは特定されていないようである。

こうしたなか、二〇一一年三月には東日本大震災が勃発し、その後の大津波による被害で陸自部隊の機動力の欠如が露呈した。水没した地域における移動や陸上交通路が遮断された場合には、米海兵隊が運用している水陸両用装甲車が非常に有用であることが分かった。

ファミリー化の検討においては、米海兵隊の水陸両用装甲兵員輸送車（ＬＶＴＰ５）や中国人民解放軍の六三式水陸両用戦車（ＷＺ２１１）などを参考に、水陸両用車の導入も検討すべきだろう[52]。もし、国産が割高になり、調達数が限定されるなら、完成品の直輸入で十分であろう。また性能面では、例えば、イラク侵攻における米海兵隊の水陸両用車を考えると、走行距離や移動速度に全く問題はないといえる。ただし、水陸両用車の調達は強襲揚陸艦の調達と十分連動させて行う必要があり、真の意味で統合調達が実現されねばならない。

同様に、トラックについても異なるメーカに小型トラック、一トン半トラック、三トン半トラック、七トン・トラックを製造させており、極めて非効率的である。米国のイラクで軍事作戦を見ると、低い脅威度の環境では、商業用トラックを用い、中程度の脅威度の環境では、商業用トラックに外付けの装甲を被せるなどの工夫がなされ、経費が削減された。確かに、地雷やＩＥＤ（即席爆発装置）に対しては、商業用トラックではあまりにも脆弱であるが、対抗措置としては既存の陸自保有のトラックでさえ必ずしも有効でなく、南アフリカ製のバッフェル（Buffel）装甲兵員輸送車のような特別な仕様が必要となる。さらに、陸自の人員増が大きく抑制されていることから、運転手の確保もますます困難になっており、大幅にトラックの保有台数を削減し、商業用トラックの利用を強化すべきである。

④ ヘリ

二〇一一年現在、陸自は七三七機、空自は五六機、海自は一〇一機のヘリを保有している。[53] 用途は大きく分けて、対戦車攻撃、観測・偵察、多用途、輸送、救難、掃海・輸送、対潜哨戒である。このうち、救難、掃海、対潜哨戒は今後とも不可欠な独立した用途であり、現有の規模や用途面の合理化は困難であろう。他方、既に論じたように、観測・偵察ヘリは少なくとも中長期的には無人機（UAV）に置き換えられて不要になるだろうし、対戦車攻撃ヘリは島嶼防衛用に強襲揚陸艦に少数搭載する以外は不要となる可能性が高い。

まず、「動的防衛力」構想は本格的な着上陸侵攻を想定していないし、既に提案したように統合運用による近接支援を強化するなか、例えばT－4改を軽攻撃機に使えば、対戦車攻撃機の大半は不要となる。米陸軍の戦闘ヘリAH1コブラは既に全て退役しており、陸自のコブラも今後中長期的には加速度的に退役していくだろう。低脅威度の用途に関しては、汎用多目的輸送ヘリに対地、対空ミサイルや機銃を外付けで備え付ければ、かなりの代替効果を望めるだろう。確かに、AH－1は基本的に対戦車戦法がT－4改とは異なり、低空から隠蔽しながら敵戦車を発見し、急浮上してトップアタックするなど戦場アジリティを有している。しかし、平成二二年度「防衛大綱」ではわが国に対する本格的な着上陸侵攻はほとんどないと判断しているのだから、戦闘ヘリを引き続き保有する必要性はあまりないといえる。同「防衛大綱」の観点からすると、これは許容すべき軍事リスクである。

こうした一見過激な保有ヘリ数の削減はますます防衛調達費の制約が厳しくなっているなか、新規調達数をかなり上回る退役数による純減が不可避であるため、意図せずとも追い詰められる形で実現されてしまうだろう。陸自のヘリ保有数は中長期的には半分ないし三分の一まで減少してしまうだろう。さらに、航空自衛隊と同じく、十分なパイロット志望者を確保できず充分に養成できなくなる問題を抱えているため、陸自のヘリ保有数の大幅な減少は不可避である。

ここまで見てきたように、今後、陸海空三自衛隊は各々、装備、部隊編成、態勢の合理化をすすめ、より少ない防衛費で顕著な防衛力の向上に努めなければならない。とはいえ、「動的防衛力」構想において最大の構造改革を求められるのは陸上自衛隊であり、防衛費の三自衛隊への配分は陸自への資源配分をかなりの程度削減し、海自と空自への配分を増加させねばならないのは明らかである。このような構造改革は単に戦闘力の向上や組織運営効率の改善に終始するものではありえず、必然的に従来「基盤的防衛力」構想の下で確立された防衛態勢、部隊編成、装備体系などの根本的で大幅な変革を伴わざるをえないことは明らかである。

今後、本章で提言した自衛隊の構造改革を進めて行く上で、作戦運用面でのシミュレーションは非常に重要である。というのは、戦略文書の体系化は国家安全保障戦略→国家防衛戦略→国家軍事戦略→作戦構想の順に演繹的に策定するのが定石だからである。しかし、万一、財政的制約やそのための装備・人員不足のために、「動的防衛力」構想に沿って有効に機能する作戦計画が策定できないようなら、この構想は破綻していることになる。その場合は、「動的防衛力」構想を破棄して、新たな国家防衛・軍事戦略を考えねばならなくなるといえよう。

（註）

（1）新「防衛大綱」の指針となったのが、「新たな時代における日本の安全保障と防衛力の将来構想『平和創造国家』を目指して」首相官邸、二〇一〇年八月、http://www.kantei.go.jp/jp/singi/shin-ampobouei2010/houkokusyo.pdf, 二〇一一年一一月一一日アクセス。

（2）拙著「現実と乖離する『基盤的防衛力構想』――新たな防衛戦略の必要性」、『東アジア秩序と日本の安全保障戦略』芦書房、二〇一〇年、二七〇頁～二七八頁。「防衛力の実効性向上のための構造改革推進に向けたロードマップ」防衛省、二〇一一年三月、三七頁～四三頁、http://www.mod.go.jp/j/approach/agenda/meeting/board/jikkousei-koujou/pdf/roadmap.pdf, 二〇一一年一一月一一日アクセス。

（3）拙著『東アジア秩序と日本の安全保障戦略』前掲。

（4）『日本の防衛』平成二三年度、一五八頁。

（5）「帝国国防方針」は帝国国防方針、国防に要する兵力、帝国軍の用兵要領の三部からなっている。なお、オリジナルは終戦時に全て焼却されたが、その概略が一部資料で知ることができる。本章では、防衛庁防衛研修所戦史室『(戦史叢書) 本土決戦準備〈1〉関東の防衛』朝雲新聞社、一九七一年、及び、黒川雄三『近代日本の軍事戦略概史明治から昭和・平成まで』芙蓉書房出版、二〇〇三年、を参考とした。

（6）『本土決戦準備〈1〉』前掲、第6章。

（7）これは米国式の分類である。片岡徹也（編）『軍事の事典』東京堂出版、二〇〇九年、四五頁。各々、総力戦と限定戦とする用語もある。

（8）防衛大学校防衛学研究会（編）『軍事学入門』かや書房、二〇〇〇年、一六七頁。

(9) 同右、一六八頁。
(10) 同右、一六八頁―一六九頁。
(11) 同右、一六九頁―一七〇頁。
(12) 黒川、前掲、第1章。
(13) 『本土決戦準備〈1〉』前掲、一四頁―一五頁。
(14) 同右、一七頁。
(15) 黒川、前掲、一〇四頁。
(16) 同右、一一〇頁。
(17) 『本土決戦準備〈1〉』前掲、一八頁―一九頁。
(18) 黒川、前掲、一四三頁。
(19) 同右、一四四頁。
(20) 『本土決戦準備〈1〉』前掲、一八頁―一九頁。
(21) 同右、二五頁。
(22) 黒川、前掲、一〇九頁。
(23) 『本土決戦準備〈1〉』前掲、一七五頁及び一七七頁。
(24) 『防衛白書』昭和五二年(一九七七年)旅版、第2章 http://www.clearing.mod.go.jp/hakusho_data/1977/w1977_02.html, 二〇一一年一一月一一日アクセス。
(25) 「第二次防衛力整備計画について」(昭和三七年、国防会議及び閣議決定)によれば、自衛隊の継戦能力は「おおむね一カ月」である。『防衛ハンドブック』朝雲新聞社、二〇一一年、九二頁。その後、わが国の政府文書やその他の文書でこの期間を更に延長すべきとの記述は見られない。また、長年、人件費や正面装備調達費などに優先的に防衛費を配分し、兵站は相対的に軽視されてきたことから、今日でも継戦能力は「おおむね一カ月」のままであると推測しても大きく外れることはないだろう。実際には、それ以下の能力しかないことも十分考えられる。

(26)『防衛ハンドブック』前掲、六八二頁。

(27)「平成二三年度以降に係わる防衛計画の大綱について」http://www.mod.go.jp/j/approach/agenda/guideline/2011/taikou.html, 二〇一一年一一月一一日アクセス。

(28)『本土決戦準備〈1〉』前掲、一八五頁－一八六頁。この他に第一七方面軍・朝鮮軍管区（朝鮮半島）、第一〇方面軍・台湾軍管区（台湾）が設けられた。また、東京には第三六軍（直轄）と第六航空軍（関東以西）が設けられた。

(29)『防衛白書』平成二三年度版、一五八頁。

(30)『防衛白書』昭和五二年度版、前掲、第2章。

(31)『防衛白書』平成二三年度版、一六〇頁。

(32)「防衛力の実効性向上のための構造改革推進に向けたロードマップ」前掲、一一頁。

(33)「平成二三年度以降に係わる防衛計画の大綱について」前掲。

(34)海兵隊化された部隊をそのまま陸上自衛隊に所属させるか、それとも新たに独立した軍種とするかは多分に議論の余地があるが、その考察は紙幅の制限のため別の機会に譲る。

(35) *The Military Balance 2011: The annual assessment of global military capabilities and defense economics,* IISS: London.

(36)定期修理が五年毎（六カ月程度）、年次修理（三カ月程度）とすると、約三分の一は使えない隻数となり、作戦投入数の約一・五倍の整備数とする必要がある。ただし、大型艦はＤＤＨのみとし、護衛艦の隻数を半数としてもクルーをA・B の二チームとすることで、艦艇要員の実質数を変化させることなしに、作戦投入と母港での休養・訓練期間とで分ければ、実質の稼働率と戦力向上は逆に達成できる。

(37)『防衛ハンドブック』前掲、三九八頁。

(38) 次期固定翼哨戒機（P－X）、平成一九年「政策評価書（事前事業評価）」http://www.mod.go.jp/j/approach/hyouka/seisaku/results/19/jizen/honbun/01.pdf, 二〇一一年一一月一一日アクセス。

(39) 安全保障会議決定及び閣議了承（平成一九年一二月二四日）、『防衛ハンドブック』前掲、一九〇頁。

(40) わが国が攻撃型原潜を保有するかどうかは非常に興味深い政策論争であるが、ここでは紙幅の制約のため、通常型潜水艦に限定して考える。

(41) 仮に定期修理が三年毎（およそ六カ月とすると）、年次修理が毎年（およそ三カ月）とすれば、護衛艦数をYとすると、（Y÷3×0.5）+（Y÷3×2×0.25）＝Y÷3　つまり三分の一の隻数は年間を通して使えない潜水艦となる。したがって、所要隻数は一・五倍必要となる。同様に、定期修理が一年の場合は、二倍の隻数が必要となる。こうしたシフトを取れば、二四隻体制でも常時一二～一六隻を作戦に展開できる。

(42) http://www.globalsecurity.org/military/world/australia/hmas-collins.htm:http://www.globalsecurity.org/military/world/australia/hmascollins-specs.htm, 二〇一一年一一月一一日アクセス。

(43) *The Military Balance, op.cit.,* p. 247.

(44)「【航空自衛隊】T－4改（後期型T－4）軽攻撃機への改装研究」『航空機新聞社』http://www.masdf.com/news/t4kai.html, 二〇一一年一一月一一日アクセス。「TA－4次期中等練習機」、http://www2.odn.ne.jp/flyngfrancepan/t4c001.html, 二〇一一年一一月一一日アクセス。

(45)『産経新聞』二〇〇九年七月二九日。

(46) http://www.mod.go.jp/gsdf/about/station/index.html, 二〇一一年一一月二六日アクセス。これを箇

便に纏めたものとして、http://ja.wikipedia.org/wiki/%E9%99%B8%E4%B8%8A%E8%87%AA%E8%A1%9B%E9%9A%8A%E3%81%AE%E9%A7%90%E5%B1%AF%E5%9C%B0%E4%B8%80%E8%A6%A7, 二〇一一年一一月二六日アクセス。

（47）http://www.defense.gov/brac/、二〇一一年一一月二六日アクセス。さらに、急激な改革はロシア陸軍の例も参考にすべきだろう、小泉悠『ロシア軍は生まれ変わるか』（ユーラシア・ブックレット№１６６）東洋書房、二〇一一年。

（48）*The Military Balance, op.cit.,* p. 158.

（49）「平成一四年度政策評価書」（将来装輪戦闘車両［対空］）。http://www.mod.go.jp/j/approach/hyouka/seisaku/results/14/jizen/honbun/06.pdf:「平成二〇年度の政策評価書」（将来装輪戦闘車両）、http://www.mod.go.jp/j/approach/hyouka/seisaku/results/20/jigo/honbun/09.pdf, 二〇一一年一一月一一日アクセス。

（50）http://www.mod.go.jp/j/approach/others/equipment/sougousyutoku/pdf/siryou/09_05.pdf, 二〇一一年一一月二六日アクセス。

（51）「我が国の防衛と予算　平成二四年度概算要求の概算」http://www.mod.go.jp/j/yosan/2012/gaisan.pdf, 二〇一一年一一月二六日アクセス。

（52）例えば、「島嶼防衛（３）：『水陸戦闘大隊』の新編成＆一五五ミリＧＬ砲を積む火力支援型ＡＣＶ」『軍事研究』二〇一一年一月号、一二三頁〜一四六頁。

（53）『防衛ハンドブック』前掲、三九八頁。

第8章　次期戦闘機の調達機種提案

防衛省は長期にわたる検討期間を経て、漸く二〇一一年一二月二〇日、次期戦闘機にF－35の調達を決定した。(1)その後、米国側で開発面での問題が次々と生起し、同機の調達が順調に進んでいないことに鑑みると、機種選定段階で問題となった論点や議論は重要である。そこで本章では、二〇一〇年夏の時点での本書著者の分析を提示する。

二〇一〇年現在、航空自衛隊は様々な制約条件に直面し次期戦闘機の調達機種に関する決定を先延しにしていた。本章で分析するように非常に重要ないくつかの要因を全て完全に満たすことはできないため、具体的にどのような妥協、組み合わせによって最適な解を出すかという発想が必要であった。そこで、当時本書著者は即時ユーロファイター・タイフーンを三～四飛行隊（六〇～八〇機）、ライセンス生産すること、そして数年から一〇年以内にF－35を一～二飛行隊（二〇～四〇機）、オフ・ザ・シェルフ（完成品）輸入することを提案した。

以下、本章は上記の政策提言の根拠を説明する。また、上記二機種以外がなぜ選定の対象に含まれないかについても簡単に触れる。なお、本章が読者として想定する政策担当者、防衛産業関係者、研究者は選定候補機やライバル機の性能や装備の技術的な概要等（製造企業、乗員数、重量、速度、エンジン、燃料容量、戦闘行動半径、主要兵装及びハード・ポイント数、開発年、価格）に関して相当知見があると捉えて、特段の必要がない限り註を省略した。

1　もはや時間的余裕はない

中国人民解放軍空軍（以下、中国空軍）が東アジア地域において優勢であるかどうかは、単に自衛隊の航空戦力だけではなく、在日米空軍、米海軍第七艦隊空母艦載機、在韓米空軍、韓国空軍、台湾（「中華民国」）空軍の戦力などを計算に入れ、政治的制約を含め総合的な評価が必要である。(2) ただ、米空海軍の航空戦力を加味して単に第四世代の戦闘機数を考えると、朝鮮半島有事、台湾有事、日本有事、いずれのシナリオでも依然として中国は劣勢である（もっとも、近年、急速に中国航空戦力に対して、空自戦力が相対的に低下しただけではなく、東アジア地域の米軍を含めた相対戦力も低下しつつある。米軍は同盟国の協力がなければ、単独で中国の航空戦力に対処できないリスクが顕著に高まっている）。

とはいえ、急速な経済成長と軍事費増加を背景に、二〇一〇年現在、中国空軍は既に多数の旧式戦闘機に加えて、J－10、Su－27、Su－30を合わせて第四世代の戦闘機を約三五〇機保有している。他方、日本は教育所要や予備等を除いて防空任務にはF－15を約一四〇機、F－2を約六〇機、合わせて第四世代機を約二〇〇機余り、第三世代に属するF－4に大幅な電子機器改修をして第四世代機の機能に近づけたF－4を約四〇機保有しているに過ぎなかった。このうち、F－2は元来、対地・対艦攻撃用の支援戦闘機として開発されたため（つまり、制空能力に劣るため）、制空用の戦闘機の主力はF－15であった。しかも、F－15のうち近代化改修を終えた第一線級のものは八八機（四飛行隊）のみであった（F－15は近代化の有無でレーダー探知性能、制空能力、搭載ミサイルなどの点で雲泥の差があるが、本格的な近代化には多額の改修費と時間を要するため、当面、非近代化F－15、約一〇〇機には戦闘機用のデータリンク機器を開発・搭載するなど限定的な性能の改善だけで対処しようとしていた[3]）。

他方、二〇〇四年二月の米印合同軍事演習における格闘戦においてSu－30にF－15が完敗したことから、日本の対中航空優勢に不安材料が増えた。もっとも、この演習でF－15は早期警戒管制機（AWACS）との戦術データリンクを用いないだけでなく、AESA（能動型電子走査）レーダーやALARM（空中発射レーダー）ミサイルを搭載しないなど強みを封じられていた[4]。したがって、こうしたF－15の強みを完全に生かせば、依然としてF－15が勝るとはいえる。しかし、専守防衛をとる空自機が中国空軍機に対して有視界外（BVR：Beyond Visual Range）で攻撃できるのは、空自が想定する戦闘規模（つまり、空自保有機で対応可能な規模）で中国空軍機と本格的な航空戦となる場合でしかない。逆に、領空侵犯か侵略なのか区別がつかない緒戦の段階や中国側が第四世代機だけでなく旧式戦闘機を含め一斉攻撃を仕掛けてきた場合には、中国機に対する有視界内（WVR：Within Visual Range）、格闘戦が予測され、航空自衛隊の優勢には疑問符がつく。

こうした戦術的な視点から見ると、もはやわが国が次期戦闘機の選定・調達を先延ばしすることはできないと思われた。

さらに、二〇〇九年一二月に防衛省が公表した「戦闘機の生産技術基盤のあり方に関する懇談会―中間取りまとめ」が示すように、F－2戦闘機の生産が二〇一一年度で終了するため、それ以降は戦闘機の生産がなくなり（つまり、生産ラインがなくなり）、技術者とその技能が散逸する虞が現実のものとなりつつあった。実際、部品やサブシステムを生産する関連企業の中には、既に撤退したかその予定であるものがいくつも出てきており、戦闘機の生産技術基盤の弱体化・喪失が危惧された。一旦生産技術基盤を失えば、未知の不具合への対処を含め、整備・修理能力の弱体化・喪失につながり、結局、戦闘機の可動率が落ちて、防空能力が低下する。

長期的に見れば、上記「中間取りまとめ」が指摘するように、戦闘機の生産技術基盤を喪失すれば、それが潜在的な防衛力として持つ抑止効果をも失うこととなる。また、こうした基盤なくしては、戦闘機の国産が不可能となり、バーゲニング・パワーを失うため、米国など輸出国の言い値や不利な条件で戦闘機を購入せざるをえなくなる。さらに、戦闘機関連技術を民生品に応用させるスピン・オフ効果も全く望めなくなることから、経済的商業的国益も損なうことになると思われた。

したがって、生産技術基盤の点から考えても、もはやこれ以上次期戦闘機の選定・調達を先延ばしすることは許されない。

次に、主としてF－35とユーロファイターに焦点を置きながら、次期戦闘機を選定するに際して、いくつか鍵となる要因について検討する。

2　考慮すべき要因

(1) 性能ⓐ――ステルス性

長らく、航空自衛隊は次期戦闘機の本命にF－22を考えてきた。ところが、米国は自国の航空戦力の卓越性を確保するため、日本だけでなくいかなる同盟国に対してもF－22を輸出しないと決定した。万一、その可能性があったとしても、米国が最新の秘密軍事技術の塊ともいえるF－22を情報保全体制が整っていないわが国に開示することは現実的にはありえなかった（敵味方双方がステルス機を保有した場合、双方とも遠距離での目的探知が困難となり、近接・格闘戦の確率が高くなる。つまり、ステルス機保有による航空優位はステルス技術が一般化し、ステルス機が広範に用いられるまでの間だけしか確保できない）。

F－22は究極までステルス性を追求した結果、飛行毎に機体表面のレーダー波吸収素材・吸収構造の整備に要する時間とコストが大きく増加した一方、ミサイル等を機体に内蔵せねばならないことから搭載可能な兵装に大きな制約が課されている。原理的に考えると、それほどステルス性にこだわっても、有視界外の戦闘では、アクティブ方式（レーダー波の照射）で敵機を捕捉する必要があり、これによって敵機に自己の存在と位置を知られてしまう。したがって、パッシブ方式を用いてアクティブ方式の使用を必要低限に留めなければならない（もっとも、最新ＡＥＳＡレーダーはワイドバンド周波数ホッピングなど送信波に特殊な変調を加えることでＬＰＩ〔Low Probability of Intercept：被探知性低減〕能力に優れ、自らがレーダー波を照射しても逆探知されにくくなっていると思われるが、Ｆ－22さらにＦ－35のＬＰＩがどの程度のものなのか、公開情報による本書著者の調査では分からなかった。ここでは、両機種のＬＰＩ能力を控えめに想定している）。

確かに、一般的には、ステルス機は防空作戦で敵機を遠方で発見し、敵機が気付く前にミサイルを発射し撃墜できる能力を持つ。しかし、わが国の場合、財政的な制約から高価なステルス機を多数保有できない。また、ステルス機がステルス・モードで搭載できるミサイル数は極めて限られている。したがって、これらの条件の下で、ステルス機が有効な戦力となるのは、小規模な防空戦が比較的孤立した形で散発する戦術環境でしかない。他方、中国が第四世代機だけでなく大量の旧式機をも一斉に投入する場合には、少数のステルス機戦力では対処できない。こうした制約を踏まえると、わが国の場合、Ｆ－22が有効な場合とは、敵の制空地域（領土等）に奥深く侵入し、戦略・戦術拠点への爆撃や戦闘態勢の整っていない敵機に先制攻撃を仕掛ける場合である。

この場合、位置確認、攻撃目標の捕捉、武器の管制・誘導などに衛星や各種センサー（例えば、早期警戒管制機、電子戦機、無人偵察機に搭載）を含む巨大な軍事通信情報ネットワークの支援が必要である。Ｆ－22がステルス・モードで戦闘する場合には自らその位置を探知されるアクティブ方式を使用せず、こうしたネットワークから情報を得る。日本がＦ－22を調達・配備しても、こうした軍事ネットワークがなければ（または、そうした巨大なネットワークを構築するための財政力がないのであるから）、Ｆ－22は宝の持ち腐れとなる。

さらに、万一こうした軍事通信情報ネットワークがあったところで、わが国は憲法上の制約から専守防衛であるため、F－22が得意とする敵国への侵入や先制攻撃を遂行する情況はあまり想定できない。

他方、ユーロファイターはF－22のような超低観測（VLO：Very Low Observable）機ではなく、観測性低減（RO：Reduced Observability）機である。F／A－18E／Fスーパー・ホーネットやラファールと同様、機体前方からのRCS（Radar Cross Section：レーダー波反射面積）は小さい。しかし、F－22やF－35ほど高いステルス性を有しておらず、機体の側面や後方からのRCSは十分低減されていないと思われる。とはいえ、日本が直面する戦術環境には総合的にユーロファイターの方が適していると思われる。F－22と同様、F－35も高いステルス性を有していても、専守防衛を前提とする限り、それを十分に生かす敵地爆撃や先制攻撃に機会はあまりないだろう。他方、一旦、中国空軍と大規模な有視界内戦闘となれば、アクティブ方式を多用せざるをえず、ステルス性の意味はなくなる。また、この情況では中国空軍は第四世代機だけではなく圧倒的な数の旧式機を戦闘に投入するだろうから、搭載ミサイルなどの兵装量が勝敗を左右する。この点、F－35はステルス性を高めるため、ミサイルを小さな機体内の格納スペースに搭載しなければならず、搭載用のハード・ポイントは五カ所である。ステルス・モードでは中距離ミサイルは僅か二発しか搭載できない。他方、ユーロファイターには搭載用のハード・ポイントが一三カ所あり圧倒的に優位である。確かに、F－35も翼下に五カ所のハード・ポイントを持つが、これらを使用した場合には当然ステルス性が犠牲にされるから、ステルス性の点でユーロファイターに対する優位はなくなる。

将来、中国が高ステルス性を有する機種を大幅に導入するまでは（そして、それは相当長期間に亘ると思われるが）、わが国の防空戦術上の必要は十分ユーロファイターで満たすことができるだろう。

(2) 性能ⓑ――レーダー及びセンサー

二〇一〇年の時点でユーロファイターはＡＥＳＡ（能動型電子走査）レーダーではなく、依然として機械走査式アンテナによるレーダーを搭載しているため、Ｆ－35には劣る。しかし、既にＡＥＳＡレーダーの研究・開発を進め、二〇〇七年五月には飛行試験も開始し、プロジェクト参加国の四カ国（英国、イタリア、スペイン、ドイツ）は導入を検討していた[5]。また、ＢＡＥ社が日本にはユーロファイターの航空電子のソース・コードを開示すると明らかにしていたことから、わが国はＦ－２に搭載しているＡＥＳＡレーダーや派生型の国産レーダーを搭載することも可能であろう[6]。

ユーロファイターはＩＲＳＴ（赤外線捜索追尾システム）とＦＬＩＲ（赤外線前方監視装置）の両機能を持つＰＩＲＡＴＥ（パッシブ方式赤外線探知装置）を備えており、高ステルス性を有する敵機のエンジンからの高温度の排気を感知してかなりの程度その位置を捕捉する能力が備わっている。つまり、敵機にレーダー波を逆探知されず、敵機を捕捉できる能力を持つ。ユーロファイターはこの点で十分配慮した組み合わせを実現し、高ステルス性敵機との有視界外戦闘においてもかなりの程度有効に対処できると思われる。

また、青木謙知氏が説明するように、ユーロファイターの防御支援システムは優れた防御支援コンピューター、電子支援手段（ＥＳＭ）装置、電子対抗手段（ＥＣＭ）装置、ミサイル接近警報装置、レーザー警戒装置、チャフ（電波欺瞞《ぎまん》紙）散布装置、フレア（熱源欺瞞《ぎまん》材）散布装置、無線周波曳航式図《おとり》などを備え、高度に融合化されている。(7) また、戦術データリンク方式ではリンク一六を使用するMIDS（多機能情報配分システム）を搭載していることから、既存の空自機だけでなく米軍機とも戦術情報をリアルタイムで共有し、ネットワーク中心型戦闘も可能である。

こうしてみると、レーダー及びセンサーの面では、ユーロファイターはF－35にさほど見劣りはしない。

(3) 性能ⓒ——運動性

F－22は高いステルス性、スーパー・クルーズ能力（アフター・バーナーを用いない超音速飛行能力）、短距離離着陸（STOL）能力を有する。また、ヘッド・アップ・ディスプレイ（HUD）などの電子的融合化を進めていることから操縦性も高い。(8) しかし、周知の如く、F－22が制空戦闘機（air superiority fighter）として開発された一方、F－35は対地攻撃機として開発されたため、F－35の格闘戦能力はF－22に比べて著しく劣る。(9) この点については後述するが、F－35の格闘戦能力は第四世代機を近代化した（つまり、米国式の分類では第四・五世代機）(10) のF－15SEやF／A－18E／Fと大きく変わらないと思われる。

また、ユーロファイターはスウィング・ロール（空対空攻撃を行いつつ空対地・空対艦攻撃を行なう）能力、ケアフリー・ハンドリング操縦機能、ネットワーク中心型作戦（NCO）能力を有する。

ユーロファイター側のデータによれば、現時点で本格的な有事においても重要な有視界外でのロシア製MiG27フランカーとの空対空戦闘の有効性（勝利の確率）はF－22で九一％、ユーロファイターで八二％、Ｆ－15Ｅで五〇％、ラファール（仏）で五〇％、Ｆ－15で四三％、Ｆ－18限定改修型で二五％、Ｆ－18で二一％、Ｆ－16で二一％である。[11] 現在、開発中のＦ－35の空対空戦闘性能に関するデータはないが、Ｆ－22とユーロ・ファイターの間に位置すると考えられ、Ｆ－35の性能はユーロ・ファイターを大きく引き離すものではないと思われる。また、ユーロファイターはＦ－22と同様とは言えなくとも、限定的ながらスーパー・クルーズ機能を有していることから、[12] 作戦空域への進出も速い。

さらに、石川潤一氏がＢＡＥシステムズから入手した作戦能力の比較に関する図表では、Ｆ－22は基本的に格闘戦に優位性を持つが、爆撃には向いておらず、また多目的戦闘機としても優位性はない。また、Ｆ－35、Ｆ／Ａ－18Ｆ／Ｆ、Ｆ－16、Ｆ－15Ｃ／Ｄ、Ｆ－15Ｅは程度の差はあっても基本的に多任務戦闘機であり、格闘戦や爆撃には向いていない。他方、ユーロファイターは爆撃には向いていないとはいえ、格闘戦機としても多任務戦闘機としてもかなりの能力を有していることがわかる。[13] 米国は格闘戦向きのＦ－22、爆撃専用のＢ－２、多任務戦闘機であるＦ－35により、全て高ステルス機で中核の航空戦力を構築する方針である。しかし費用対効果の点で、わが国にはこうした贅沢は許されないから、既存のＦ－15Ｊ改とＦ－２に加えて、総合力の高いユーロファイターが次期戦闘機調達における次善の選択肢となる。

（4）性能ⓓ——兵器搭載能力

兵器搭載能力に関して言えば、Ｆ－22もＦ－35も高いステルス性を出すために機体内に限られた兵器格納スペースしか有しておらず、この点ではユーロファイターには遠く及ばない。ユーロファイターは大推進力のエンジンを搭載し、米国機に比して相対的にかなり小さな機体に対して大きなデルタ翼と有している。既にステルス性の説明箇所で触れたように、ユーロファイターはＦ－35と比して多様、多数のハード・ポイントを持ち、圧倒的に優れた兵器搭載能力を有している。石川潤一氏は六パターンの兵装搭載例によって、ユーロファイターが異なる六つのミッション（①航空優勢、②多任務／自在変更任務、③阻止／攻撃、④近接航空支援、⑤敵防空征圧、⑥洋上攻撃）を遂行する能力を持つことを示している。[14]つまり、ユーロファイターは一度の出撃（sortie）で複数のミッションを交互若しくは同時並行的に遂行できる能力（例えば、戦闘機→攻撃機→戦闘機）を有する。

(5) 価　格

Ｆ－22は米空軍仕様で一機約一五〇億円であるから、輸出仕様では約二五〇億円になろう。さらに開発費分担額は一機あたり一〇〇億であるから、総計では少なくとも一機三五〇億円であろう。中には、一機当たり五〇〇億円という予想もある。[15]しかし、万一、一機当たりの販売価格が比較的安くとも、米国はＦ－22のライセンス国産とそれにともなう技術移転を認めないから、携帯電話の販売と同じで、維持・修理などサービス経費を非常に高く設定し利益上げようとするのは目に見えている。つまり、ライフ・サイクル・コストで見れば、Ｆ－22は極めて高い買い物となり、現実的には選定対象とはならない。

それでは、Ｆ－35はどうかと言えば、コスト超過やテスト遅延のため開発計画が二年ほど遅れ、追加資金を投入せざるをえなくなったため、当初約四五億円といわれた調達価格は倍近くに膨れ上がっている。[16] これまで、わが国がライセンス国産を行う場合は完成品機を輸入した二倍程度の調達価格となっていることから、F－35の価格はライセンスのロイヤルティー等の関連費を含めて一機当たり二〇〇億円は下らないのではないかと懸念される。とすれば、次期戦闘機調達費が一兆円前後と考えると、せいぜい四〇～五〇機程度しか調達できない。この小規模でライセンス国産をした場合、関係費のためにかえって割高になり現実的ではない。

他方、ユーロファイターは一機当たり八一～八八億円程度である。[17] ライセンス国産のための開発費分担金、ロイヤルティー、専用地上機材等の経費を含めば、一〇〇億円超過することは避けられないと思われるが、それでも価格の面ではユーロファイターを選定するのが妥当である。ステルス性などの性能面でF－35に劣るというのであれば、F－35の場合と比べて調達総額が大幅に低く抑えられるのであるから、ユーロファイターの調達・配備数を増やすとか、早期空中管制機（AWACS）や空中給油機を追加的に調達・配備するとか、有効にリスクに対処すればよい。

(6) 運用リスク――可動率と機種組み合わせ

F－35を採用した場合、オフ・ザ・シェルフ輸入にしろ、ライセンス国産のブラック・ボックスの購入・保守・修理にせよ、FMS（Foreign Military Sales：対外有償軍事援助）となる。製造元たる米軍事企業との間に米国防総省が介在するFMSによる輸入や保守・修理は日米間の輸送だけでなく米官僚機構による煩雑な手続きがあり、迅速な対応が困難である。これは、戦闘機の可動率を下げる一方、有事において高い運用リスクを伴う。他方、ユーロファイター側は既に防衛省と欧州企業との直接取引を認めることを明らかにしているから、[18] こうしたリスクは存在しない。

さらに言えば、有事に備えるには、戦闘機は純国産とするのがリスクが低いが、それが叶わないのであれば、次善の策として依存先を分散しておくべきである。特定の外国による生産の戦闘機もしくは特定の外国のブラック・ボックスを伴うライセンス国産機に依存するのはリスクが高い。部品の供給を絶たれるリスク、そして保守・維持サービスの迅速性や信頼性にリスクが伴うからである。

こうしたリスクを制御するため、主要欧州同盟国では米国製の戦闘機に依存しすぎないように配慮している。二〇一〇年現在、①イタリアが米国製のF－16及びF－35（開発中・契約済）、そしてイタリア・ブラジル共同開発のAMX、②英国が欧州共同開発のトルネード及びユーロファイター、そして米国製のF－35（開発中・契約済）、③ドイツが欧州共同開発のトルネード及びユーロファイター、そして米国製のF－4E／Fを組み合わせている一方、日本は米国製のF－15C／D及びF－4E／F、そして日米共同開発（F－16ベース）のF－2を用いている。[19] つまり、日本だけが米国製ないしその派生型のみに依存している。実際、二〇〇七年一一月には航空自衛隊は事故のためにF－2全保有機の飛行を見合わせ、その翌月には米空軍のF－15に不具合が出て、F－15全保有機も総点検を余儀なくされ、[20] その結果、一時わが国の空は旧式のF－4E／Fだけで守らざるをえなかった。もし、今回、次期戦闘機にF－35を採用したとすれば、F－15とF－2ともに米国に完全に依存し続けることとなる。したがって、ユーロファイターをわが国の保有機種に加えておくことが望ましい。

(7) 技術移転

米国を中心としたF－35の国際開発プロジェクトは初の概念実証段階（CDP）からシステム開発（SDD）段階へ、さらに製造／維持／後継開発（PSFD）段階へと段階別に分けられた上に、各々費用負担と技術アクセス権の点で高い方から低い方へ、レベル[1]のフル・コラボラティブ（正規協働）・パートナー（full collaborative partner）、レベル[2]のアソシエート（準）パートナー、レベル[3]のインフォームド・カスタマー（informed customer：情報受領顧客）、さらにレベル[4]のメジャー・パーティシパント（major participant: 主要参与者）が存在する。英国はCDPとSDDでは各々二億ドルを負担したレベル[1]であり、PSFDでは一三八機を調達する予定である。その英国に対してすら、米国は一時期、技術の開示を拒んだ。英国は英海軍用に垂直離着型のF－35、六〇機の生産調達をユーロファイターに切り替えると交渉して、漸く米国の譲歩を引き出した経緯がある。他方、イタリアはCDPでは一〇〇〇万ドルを負担したレベル[3]であり、SDDでは一〇億ドルを負担したレベル[2]であり、PSDFでは一三一機を調達する予定である。それでも、従来、米国はイタリアが要求するイタリア国内での完成機の最終組み立てを拒否していた。[21] しかし、イタリアが米国に対してかなりの圧力をかけた結果、ようやく米国はイタリアでの最終組み立てに合意するに至ったが、イタリアは有利な技術移転や工程分担を獲得できない模様である。[22]

したがって、これまで全くF－35の国際開発プロジェクトに参加せず一切開発経費を負担してこなかったわが国がライセンス国産やそのために必要な技術移転を認められるとは考えられない。さらに、二〇一〇年の時点では、わが国は武器輸出三原則の下、国外に日本の防衛関連技術を移転しない政策を堅持していたことから、F－35国際プロジェクトへの参加は事実上不可能であった。万一可能性があったとしても、わが国には十分機能する秘密軍事情報の保全体制が整っていないため、国際プロジェクト側からの技術移転は極めて難しいと判断された（なお、二〇一四年四月、従来の武器輸出三原則に替えて新たに防衛装備移転三原則が制定され、一定の原則の下、国際共同開発が促進されることとなった。また、二〇一四年一二月には、特定秘密保護法が施行され、一応法制面での整備もなされた。しかし、実際、十分に防衛関連技術に関する秘密が保護され、わが国が主要な防衛装備の国際共同開発プロジェクトに円滑に参加できるか、実務面の細部が詰められておらず、依然不安が払拭できないのが実態である）。

F－15SEやF／A－18E／Fは費用対効果が優れた戦闘機である。日本は既にF－15を長年ライセンス国産してきており、またその運用の中で保守・修理も経験してきていることから、F－15SEにも十分技術的に対応できるだろう。また、F－18には直接の経験はないが、F－15と同じ第四世代機であり、F－15での経験がかなりの応用できるのではないかと思われる。しかも、一九六〇年代の基本設計に基づいているから、少なくともライセンス国産を行ったF－15と同程度の技術移転を期待できる。とはいえ、F－35、F－15SE、F／A－18E／F、いずれの場合も、たとえ米国がライセンス国産を認めたとしても、重要なアビオニックス、ソース・コード、レーダー、兵器管制システム等、重要なサブシステムのかなりの部分は従来のようにブラック・ボックス化されるだろうから、日本が独自に国産ミサイルを搭載しようとすれば、その枢要な部分を独自に変更する形で開発せねばならない。ところが、米国は米国製兵器に厳重な形態管理（configuration management）を行っているから、ハード面だけでなくソフト面でも日本側の技術を全て開示して承認を受けなくてはならない。つまり、米国は厳しい条件を課した上に限られた技術情報だけしか開示しない一方、日本は例えば、F－2の日米共同開発で米国側に虎の子の炭素繊維による主翼用の複合材一体型技術を開示させられたように、優位性を持つ独自技術情報を全て開示しなければならない。

こうした力関係の下で、日本が米国から最新技術の移転を引き出そうとすれば、日本は独自開発・生産を行う意志と能力を示す必要がある。つまり、米国は日本が独自路線をとる可能性が高まった場合にのみ譲歩すると考えられる。譲歩しなければ、日本をハイテク兵器における競争相手になるよう駆り立てる可能性があり、米軍事覇権の維持にとって有害である。つまり、米国は技術移転によって日本の純国産プロジェクトを潰して、その独自路線を封じることができる。

確かに、F－15SEはストレス性、電子戦能力、遠隔攻撃兵器の運用能力、システム冗長性（複数システムの装備）を特徴とするF－15の新発展型である。既存の設計や技術を用いるため殆ど技術開発リスクがなく、費用対効果に優れてはいる。しかし、基本設計は一九六〇年代のものであるから、わが国がステルス技術を含め第五世代以降の戦闘機を研究・開発する上で新たな技術習得は望めず、完成品輸入に比して高価なライセンス料を支払う意味がない[23]。将来、独自に第五世代機を生産するかどうかは別としても、こうした能力を独自に保有していることが他国の機種を導入する際、ライセンス国産や関連技術の移転を交渉する際に決定的に重要なバーゲニング・パワーをもたらすという点で不可欠である。また、同様の理由によりF／A－18E／Fのライセンス国産も除外すべきである。

他方、BAE社はライセンス生産を受け入れるとともに、技術をブラックスボックス化せず、積極的に技術移転を行う方針を明らかにしている[24]（もっとも、一〇〇％の開示はないであろうが）。わが国は、F－2の日米共同開発の経験を経てコンフォーマル・レーダー、デジタル・エンジン制御システム（FADEC）、飛行制御システム（FBL）などの技術を開発したように、ユーロファイターに関する技術移転から中長期的に第五世代機以降の戦闘機の独自開発に繋がるような欧州独自の設計思想（例えば、水平尾翼のない機体制御）や技術関連情報（例えば、アビオニクス・ソフト、ソース・コード、戦闘データ）を入手したいところである。そうした情報は将来、日本独自で例えば、フライト・コントロール・コンピューター（FLCC）、新式のデジタル・エンジン制御システム（FADEC）、飛行・エンジン統合制御システム（IFPC）などを開発するのに寄与するだろう。

（8）戦闘機の産業基盤

今日、最新型の戦闘機を一国の財政力で開発するのはますます困難になってきた。米国でさえ高騰する開発費、調達費に喘いでおり、F－35の国際共同開発プロジェクトにも九カ国と共に取り組んできた。

他方、二〇一〇年時点では、わが国は武器輸出三原則の下、他国に対して軍事技術を移転できなかったから、ライセンス国産を行うしかなかった。全く国内に戦闘機の産業技術基盤がなければ、迅速な整備・補修サービスが確保できず、保有機の可動率が低下し、有事に高いリスクを伴う。次期戦闘機にF－22を言うに及ばずF－35を選定した場合にも、ほとんどライセンス国産やそれにともなう米国からの技術移転を望めず、完成品輸入もしくはそれに非常に近い形式となると考えられることから、わが国はこの分野の産業基盤を失うこととなると判断された。つまり、次期戦闘機の調達は単に機種の選定に留まらず、日本の軍事航空機産業の命運も左右すると思われた。既に論じたように、F－35のライセンス国産は不可能であると思われるが万一可能であったとしても、その開始にはさらに一〇年余りが必要であろう。F－35の米空軍向けの本的生産は二〇一六年からの予定であるから、ライセンス国産はプロジェクト・パートナー九カ国による発注が円滑になされる見通しがついた後になると思われる。これでは、既に現時点で生産ライン維持や技術者集団の確保が危機的な状況にあるわが国の軍事航空機産業は完全に崩壊してしまう（確かに、その後、F－35調達決定と相俟って、日本国内に同機の最終組み立てラインが設けられることとなり、国内に限定的な整備・補修能力を持てることとなったが[25]、依然非常に限定的な技術移転しか望めない点には変わりがない）。

他方、BAE社はユーロファイターのライセンス国産を認め、全部ではなくとも原則としてブラック・ボックス化をしないと方針を示唆しているから[26]、わが国の技術習得には大きく寄与するだろう。二〇一一年度に終了予定だったF－2の生産を継続し、生産ライン・産業基盤を維持する方策も考えられたが[27]、F－2では中国空軍戦力の急速な台頭には全く不十分である。

いずれにしても、次期戦闘機は二～四飛行隊（四〇～八〇機）程度の調達であるから、例えば、有る程度効率的な生産という意味で毎年一〇機生産すると、数年程度で生産は終了してしまい、その後は生産基盤を維持できない。したがって、次期戦闘機のライセンス国産は中長期的な戦闘機の開発・生産構想の不可欠な一環と位置付けられねば、無駄となる。

(9) 対米同盟

ゲーツ国防長官（当時）は既に二〇〇九年六月の段階で日本の次期戦闘機としてF－35を推奨した。米議会はF－35の開発計画が大幅に遅れ開発コストが超過していることに苛立っていた。[28] ゲーツ長官が日本にF－35を強く推奨する理由は、戦術・作戦面での理由もさることながら、開発コストが予定額を超過し資金が不足する中、日本にその一部でも負担させたいとの意図が見え隠れするのは否めなかった。

従来、わが国の戦闘機調達は、米国製戦闘機のFMS輸入、米国技術によるライセンス国産、F－2については米国製F－16をベースにした日米共同開発と、一貫して米国に依存してきた。こうした経緯は単に米国製の戦闘機の性能が優れていたというだけではなく、わが国が日米安保条約体制の下、米国に安全保障の面で依存してきたことと表裏一体の関係にある。つまり、日本は米国製ないしは米国技術派生型の戦闘機を保有することで様々な面で自衛隊と米軍の間の相互運用性を確保する必要があったし、FMSやライセンス料の支払いを通じて米軍事産業の安定と成長に寄与することで日米同盟の維持に大きな役割を果たしてきた。

こうした効果は今後も増えることがあっても減ずることはなく、日米同盟をわが国の安全保障の主柱とする限り、わが国は米国製ないし米国技術派生型の戦闘機を調達・配備するとの政治的な判断を堅持していくべきである。とりわけ、二〇〇九年、わが国で民主党政権への政権交代が起こったことから、普天間問題を含め日米同盟が揺らいでいる印象が否めなかった。この時期にF－35の調達・配備を完全に排除するのは妥当ではなかった。

3　結　論

これまでの分析を総括すると、先ず性能面から総合的に見て、ユーロファイターがも優れている。[29] ユーロファイターは格闘戦と多任務戦闘（空対空に加えて空対地、空対艦攻撃）の両機能を十分持ち、ある程度ステルス性も考慮されている。もっとも、高いレベルのステルス性が必要な作戦に限定すれば、F－22やF－35が勝っており、その限りにおいて、両機種の小規模、限定的な調達・配備を排除する必要はない。

次に価格面では、日本にとってF－22もF－35も高価過ぎ現実的な選択肢ではない。ユーロファイターはその二分の一から三分の一の価格であるから、その分、調達機数の増加や戦力を高めるAWACSや空中給油機などへの追加投資によって総合的に日本の航空戦力を高めることができる。

また、煩雑なFMS手続きやブラック・ボックスの修理などが戦闘機の可動率に与える悪影響を考えると、わが国は保有する全ての機種を米国産ないし米国技術派生型の戦闘機だけにしてしまうのはリスクが高すぎる。また、事故や技術的問題のために、特定機種が全機使用停止になるリスクを考えると、同様のことが言える。

さらに技術移転の面では、F－22には言うに及ばず、F－35ですら実質的な移転は見込めず[30]、中長期的に日本の第五世代機以降の戦闘機開発に寄与することはほとんど望めそうにない。また、中国が第四世代機＋αの段階に留まる限り（そして、それは技術開発に要する期間を考えると、相当長い期間になると思われるが）、Ｆ－15ＳＥとＦ／Ａ－18Ｅ／Ｆは極めて費用対効果に優れているとはいえ、やはり選択肢としては排除される。というのは、第四世代機の改良であるこれら二機種は基本設計が古く、最新の発想、概念、技術の点で日本が学べる点が余りないからである。他方、ユーロファイターは全てではないにしても広範かつ包括的な技術移転が望める。その上、Ｆ－35は米国防総省を介した煩雑なＦＭＳの手続きに購入・配備・整備補修に時間かかり運用上の支障をきたす可能性がかなりあるが、ユーロファイターにはそうした懸念はない。

最後に日米同盟の観点から、Ｆ－35を調達せずユーロファイターだけをライセンス国産することは政治的な判断としては大変不味いことは明らかである。

それ故に、ユーロファイターこそが性能、価格、技術移転の点から選択肢となる。ただし、日米同盟を維持するには、Ｆ－35を排除するわけにはいかない[31]。さらに、高いステルス性が必要となる戦術状況も想定されることから、Ｆ－35の小規模、限定的な配備が望ましい。

したがって、本章冒頭で示したように、次期戦闘機の調達に関しては、即時ユーロファイターを三～四飛行隊（六〇～八〇機）、ライセンス生産すること、そして数年から一〇年以内にＦ－35を一～二飛行隊（二〇～四〇機）、オフ・ザ・シェルフ（完成品）輸入することを提案する。もちろん、ユーロファイターは航空自衛隊に配備するが、中国の動向によっては、Ｆ－35を航空自衛隊に配備する選択肢だけではなく、空母艦載機として運用する選択肢も考慮すべきだろう。この場合、航空自衛隊所属のＦ－35を作戦毎に航空自衛隊基地から空母に搭載するか、もしくは名実共に海上自衛隊の所属とするかに選択肢は分かれる。運用上は海上自衛隊所属が最適であろうが、専守防衛の下では戦力投射による攻撃性を制御する必要もあることから、航空自衛隊に配備し作戦毎に空母艦載機として運用するのが妥当であろう。どちらを選択すべきか、また具体的にどのF－35の派生型を選定すべきかについては、現時点で結論を出す必要はない。

確かに、ユーロファイターとF－35の両方を調達するのは、どちらから一方だけの調達と比べると割高になる。しかし、前者のライセンス国産と後者のオフ・ザ・シェルフ輸入はF－35だけをライセンス国産（または、国内最終組み立て）するよりは相当な資金の節約になるだろうから、その他本章で論じたリスク回避の諸側面とともに総合的に判断すると、こうした組み合わせによる調達がわが国の次期戦闘機調達における妥当な選択肢である。

最終的に、政府は対米同盟関係を重視して、米国製のF－35ライトニングを選定したが、本章で論ずるように防衛産業基盤の維持・強化を重視して英国製のユーロファイターという選択肢も十分妥当性があった。実際、その後、開発中のF－35は技術的な問題が続出し、調達予定国がその調達計画を修正・変更しており、わが国は期待する性能の機体を予定通り調達できるかという点で別の深刻なリスクをかかえることとなった。

（註）

（1）http://www.mod.go.jp/j/press/news/2011/12/20a.html. 二〇一四年九月二五日アクセス。

（2）オペレーションズ・リサーチの手法を取り入れた試みとして、例えば、東義孝「空軍軍事バランスの変化の動向とわが国の安全保障政策」『国際安全保障』第三八巻第一号、二〇一〇年六月。

（3）軍事情報研究会、河津幸英（作図・監修）「防衛力拡張：新要撃機F－2／F－X＆KC－767タンカー」『軍事研究』五三〇号、二〇一〇年五月、一二三頁～一三〇頁。
（4）春原剛『甦る零戦――国産戦闘機vs F22の攻防』新潮社、二〇〇九年九月、一五〇頁～一五三頁。
（5）青木謙知「ユーロファファイター・タイフーンの実力」『軍事研究』五一四号、二〇〇九年一月、六八頁。
（6）Jun Hongo, "BAE pitching Typoon as F-22 eludes," *Japan Times*, June 12, 2009.
（7）青木、前掲、六九頁～七〇頁。
（8）同右、七一頁～七三頁。
（9）清谷信一『防衛破綻――「ガラパゴス化」する自衛隊装備』中公新書ラクレ№338、二〇一〇年一月、一四〇頁。
（10）ユーロ・ファイター側は、ユーロファイターがステルス性においてF－22に劣るものの、その他の面に関しては劣らず、米国側が勝手にユーロファイター機を第四・五世代機と分類し、第五世代機であるF－22（そして、F－35）に劣っているとの印象を与えているのは誤りであるとの立場をとっている。青木、前掲、六七頁。
（11）http://typhoon.starstreak.net/Eurofighter/tech.php. 二〇一〇年六月二〇日アクセス。ここでは、マッハ2以下の速度しか出ないF／A－18E／FやF－16Cが低い評価となっていることから、高速での戦闘を想定していることが分かる。したがって、ここでの戦闘能力比較は前提の置き方で変わると考えられるが、概してユーロファイターがF－22に次いで他の追随を許さない高い戦闘能力を有していることが分かる。
（12）石川潤一「ユーロファイター・タイフーン」『軍事研究』五一三号、二〇〇八年一二月、六八頁。

（13）同右、六五頁。
（14）同右、六九頁。
（15）春原剛、前掲、二四頁。
（16）「F－35配備計画暗礁」『産経新聞』二〇一〇年三月二一日。
（17）「対日売り込み攻勢――欧州製戦闘機ユーロファイター脚光」『産経新聞』二〇〇八年一二月九日。
（18）清谷、前掲、一五六頁。
（19）軍事情報研究会、前掲、一三五頁。
（20）『産経新聞』二〇〇七年一一月一六日及び二〇〇七年一二月六日。
（21）ジェーラール・ケイスパー（著）、石川潤一（編訳）『F－35 ライトニング』並木書房、二〇一〇年四月、二五一頁～二六二頁。
（22）Andy Native, "Italy Pressuring U.S., Lockeed over JSF Work," *The Aviation Week*, April 1, 2010, http://www.aviationweek.com/aw/generic/story_channel.jsp?channel=defense&id=news/asd/2010/04/01/01.xml,accessed on July 12, 2010.
（23）青木謙知「F15－SEサイレント・イーグル」『軍事研究』五一九号、二〇〇九年六月。
（24）Hongo, *op.cit.*
（25）「三菱重工、小牧南工場を刷新――『F35』組立工程整備」『日本工業新聞』二〇一四年六月二三日、http://www.nikkan.co.jp/news/nkx0120140623aaac.html, 二〇一五年三月二九日アクセス。
（26）*Ibid*..
（27）林富士夫「なぜ空自F－Xにステルス戦闘機が必要なのか」『軍事研究』二〇〇九年一一月号、三四頁。

(28)「F－35配備計画暗礁」、前掲。"Joint Strike Fighter: Additional Costs and Delays Risk Not Meeting Warfighter Requirements on Time," US Government Accountability, March 2010 (GA-10-382); "Joint Strike Fighter: Significant Challenges and Decisions Ahead," Statement of Michael Sullivan, Director, Acquisition and Sourcing Management, Government Accountability Office, March 24, 2010 (GAO-10-478T); "Joint Strike Fighter: Significant Challenges remain as DOD Restructures Program," Statement of Michael Sullivan, Director, Acquisition and Sourcing Management, US Government Accountability Office, March 11, 2010 (GAO-10-520T).

(29) 例えば、有視界外（BVR）のユーロファイターとF－15、ラファール、F－16、フランカーの戦闘能力を、①レーダー探知能力、②ステルス性、③加速性能、④維持旋回率、⑤持続性、⑥大火力で数値化して簡便に比較したものとして、石川、前掲、六七頁。また、同様に、有視界内（WVR）のユーロファイターと高性能旧式戦闘機（High End Legacy Fighters）、その他の第四世代機（Other 4th Generation Fighters）、発展型旧式戦闘機（Evolved Legacy Fighters）、高性能敵性機（High End Threat）の戦闘能力を数値化して簡便に比較したものとして、同右。いずれの場合も、ユーロファイターは顕著な優位を一貫して有している。

(30) 軍事情報研究会はこうした制約を無視して、F－35のライセンス国産が可能であると捉えている。軍事情報研究会、前掲、一三五頁。

(31) 清谷信一氏はこうした政治的な判断を無視して、日本はF－35を排してユーロファイターだけを調達すべきとしている。清谷、前掲、一五二頁。

（参考文献）

青木謙知「F／A－18Fスーパー・ホーネット実戦化」『軍事研究』二〇一〇年八月号。

青木謙知『F－22はなぜ強いといわれるのか』サイエンス・アイ新書、No.SIS－093、二〇〇八年一二月。

石川潤一「ウエポンシステムとしてのF－35戦闘機」『軍事研究』二〇一〇年七月号。

宇垣大成「中国空軍の台湾侵攻航空戦力」『軍事研究』二〇一〇年八月号。

加賀仁士「平成二一年度概算要求案にみる自衛隊の航空戦力」『軍事研究』五一四号、二〇〇九年一月。

軍事情報研究会、河津幸英（監修）「スクランブル！ 日本防衛大の資産F－15戦闘機」『軍事研究』五二九号、二〇一〇年四月。

Lewis, Leslie, *et.al, Defining A Common Planning Framework for the Air Force*, RAND, 1999（MR-1006-AF）.
Steven, Donald, *et.al, The Next-Generation Attack Fighter: Affordability and Mission Need*, RAND, 1997（MR-719-AF）.
Williams, Michael D., *Acquisition for the 21st Century: The F-22 Development Program*, National Defense University, 1999.

国会周辺での安保関連法案反対のデモ（2015.9.16）
写真提供：共同通信

第V部　戦略策定を阻む国内イデオロギー闘争

第9章　「国家安全保障戦略」の評価と課題

二〇一四年一二月の衆院選に再び勝利した第三次安倍内閣はますます厳しさを増す安全保障環境をうまく乗り切れるだろうか。第一次安倍内閣では「戦後レジームからの脱却」を掲げたものの、首相自身の健康問題で僅か一年後に総辞職となった。その後、同じく短命の福田・麻生両内閣、そして三年三カ月迷走した民主党政権を経て成立した第二次安倍政権は、民主党政権時代に傷ついた日米同盟関係を修復する一方、二〇一三年一二月に初めて「国家安全保障戦略を策定した。また、特定秘密保護法の成立、集団的自衛権に関する限定的な解釈改憲を実現した。したがって、民主党政権の体《てい》たらくと比べれば、随分着実な歩みを見せたように思える。

しかし、よくよく注意深く見てみれば、肝心要《かんじんかなめ》の「国家安全保障戦略」、特にその中心概念として据えられている「積極的平和主義」には危険な陥穽《かんせい》が存在する。この概念は全くの当為・綺麗事であり、異論の唱えようもない。しかし、わが国の一般国民に耳触りがよく、国際世論とも一見うまく共鳴しても、曖昧模糊としており到底真っ当な戦略の礎《いしずえ》にはなりえない。この概念とセットで安倍内閣が推進してきた「価値観外交」（民主主義や人権の尊重などを価値として共有する国家との関係を強化しようという外交方針）も、万一そのまま本音であるなら、かなり危うい。わが国が恃《たの》みとする米国はリーマンショック以来、構造的な経済・財政危機と巨額な国防費の削減圧力に直面して、ますます露骨な国益重視の国際政策を採るようになってきている（その典型は、近隣窮乏化政策を本質とするTPP〔環太平洋戦略的経済連携協定〕推進に表れている）。第三次安倍内閣は言葉とイメージを巡る国内外の政治的戦いと軍事安全保障を明確に切り分ける必要に迫られている。

そこで、この機会に策定後一年半余りを経過した「国家安全保障戦略」を改めて考察してみたい。

二〇一三年一二月一七日、安倍政権は「国防の基本方針」（一九五七年国防会議及び閣議決定）に替えて(1)、史上初めて「国家安全保障戦略」（以下、「安保戦略」）を策定した。前者は僅か三〇〇語弱のものであったところ、後者はある程度体系的に理念、目標、「安全保障環境と課題」、「採るべき戦略アプローチ」を詳述する充実したもの（A４版三二頁）となった。これによって、「安保戦略」は明示的に「防衛計画の大綱」と「中期防衛力整備計画」の策定の論理的前提となり、これら三つの文書の体系性は例えば、モデルとなりうる米国の戦略論体系（国家安全保障戦略→国家防衛戦略→国家軍事戦略）と比しても、形式的には遜色《そんしょく》のないものとなった(2)。

そこで、以下では、「安保戦略」は、①従来の外交安保政策とは異なる新たな方向性を提示したか、②国民からの支持を確保・強化する内容であるか、③意図した対外発信を行う内容であるか、④装備調達や組織改編における資源配分に対して明確な指針を提示したかに着目して総合的に分析・評価し、今後の「安保戦略」策定における課題を明らかにする。

1 新たな戦略的方向付けはあったか

一般的に言えば、国家安全保障戦略は、新政権が国際情勢の大きな変化、とりわけ大きな脅威の出現や消滅に直面して、死活的な国益（vital interests）を守るために、従来の外交・安全保障政策のアプローチを根本的に変更するために策定するものである。この点は、歴史的に宣言的アプローチを採ってきた米国の例を見れば腑《ふ》に落ちよう。

古くは、米英戦争（一八一二年〜一八一五年）の勝利とナポレオン戦争後の欧州におけるウィーン体制の確立の結果、当面の安全保障上の脅威がなくなった中で、将来に向けて南北両アメリカ大陸での地域覇権を狙ったモンロー・ドクトリンが想起される。また、冷戦初期に対外援助など経済社会的対応を重視した対ソ連「封じ込め（containment）戦略」や、その後、ベルリン危機や朝鮮戦争等、より一層のソ連の軍事的膨張に直面して軍事的対応を重視した「巻き返し（rollback）戦略」はその典型である。さらに、冷戦終結後、ソ連の一方的瓦解の後、一極体制を目指しつつも、明確な脅威が消滅したため、戦略上の優先順位が曖昧であった「関与（engagement）と拡大（enlargement）の戦略」が挙げられよう。

ところが、わが国が今次「安保戦略」を策定した背景には、冷戦の開始・終焉に準ずる劇的な国際情勢の変化や強大な脅威の出現・消滅は存在しない。確かに、中国の急速な台頭によって米国は相対的に凋落しているが、米国は「軍事力や経済力に加え、その価値や文化を源としたソフトパワーを有することにより、依然として、世界最大の総合的な国力を有する」覇権国であると捉えられている（「安保戦略」五頁、以下同様）。つまり、「パワーバランスの変化及び技術革新の急速な進展」「大量破壊兵器等の拡散と脅威」「国際テロの脅威」「国際公共財に関するリスク」「『人間の安全保障』に関する課題」「リスクを抱えるグローバル経済」など、国際関係を変容させる様々な要因を認識し（五〜九頁）、米国覇権を前提に「様々なレベルにおける（対外政策上の）取組を多層的かつ協調的に推進」すべきとしながらも（一頁）、米国との同盟関係を主軸に「わが国及びアジア太平洋地域の平和と安定を実現」してきたし、また今後もそうすべきとしている（二頁）。こうした「安保戦略」における国際情勢の基本認識やわが国が採るべき戦略的方向付けの特徴は近年の国際関係の変容を踏まえているとはいえ、基本的には「国際間の協調をはかり、世界平和の実現を期する」「米国との安全保障体制を基調（とする）」とした「国防の基本方針（一九五七年）」と何ら変わるところはない。

したがって、「安保戦略」は近年の国際情勢の変容を加味しつつも、「国防の基本方針」を単に修正、詳述したに過ぎないと言えるだろう。その本質は、第二次世界大戦後に誕生した米国覇権を前提に、わが国が現状維持戦略を採ることを初めて体系的に説明した点にあり、その一環として「国防の基本方針」を逸脱しない範囲・程度において、どの問題別分野でどのような追加的・補完的政策を採るのかをある程度具体的に示唆した点にある。また、「安保戦略」を策定することによって、米国の戦略策定をモデルとした観点からすれば、わが国の戦略策定が漸く形式的体系性を具備することとなった点は評価すべきであろう。

2 国民からの支持を確保・強化する内容であるか

「安保戦略」の目的が戦略策定の形式的体系性を高めるだけなら、それを政府の内部文書とすれば事足りるであろう。ところが、政府はマスコミを介して「安保戦略」を大々的に喧伝《けんでん》したのであるから、その目的の一つは安全保障政策分野における国民の支持を強化することにあったと言えるだろう。

その際、「国際協調主義に基づく積極的平和主義」が中核となる理念として強調された（一頁）。「安保戦略」は「我が国の平和と安全は我が国一国では確保でき（ない）」「戦後一貫して平和国家としての道を歩んできた」「専守防衛に徹し、他国に脅威を与えるような軍事大国とはならない（ないとの）基本方針を堅持してきた」「国際社会の安定と繁栄に寄与してきた」「国連憲章を遵守しながら、国連を初めとする国際機関と連携し、それらの活動に積極的に寄与している」（二〜三頁）と述べていることを踏まえると、この理念が基本的には「国際連合の活動を支持し、国際間の協調をはかり、世界平和の実現を期する」「民主主義を基調とする我が国の独立と平和を守る」とした「国防の基本方針」と基本的には変わるところがないことが分かる。

ところが、理念として「積極的平和主義」は提示されてはいても、それに引き続いて、米国の「封じ込め戦略」「巻き返し戦略」「関与と拡大の戦略」に比する戦略構想ないし戦略概念は言及されていない。しかも、「安保戦略」後半の「我が国がとるべき国家安全保障上の戦略的アプローチ」では、

「我が国の能力・役割の強化・拡大」「日米同盟の強化」「国際社会の平和と安定のためのパートナーとの外交・安全保障協力の強化」「国際社会の平和と安定のための国際的努力への積極的寄与」等、総花的《そうばなてき》にウィッシュ・リストが羅列されているだけであり、個別分野ごとに問題点の指摘と対処策をカタログ化した感が否めない。

そもそも、語義的に考えても、「〜主義」は「思想・学説などにおける明確な一つの立場」または「特定の制度・体制または態度」または「常々もっている意見・主張」なのであり(『広辞苑』)、戦略ではない。「安保戦略」を策定した担当者たちがこうした混同と問題に気が付かぬはずはないとすれば、その目的は何であろうか。

既に指摘したように、平和主義は日本国憲法の下で数十年間に亘ってわが国が採り続けてきた外交安全保障路線の理念であり、軽武装、専守防衛、非核三原則等、具体的な政策として展開されてきた。今日、諸国家は自存自衛を標榜することはあっても、敢えて侵略的政策を採ると表明する国などないから、戦略策定上の効能の点では「平和主義」には枕言葉的な意味以上の何ら特筆すべき点はない。とすれば、「積極的」の意味に注目すべきである。

言うまでもなく、「積極的平和主義」は「消極的平和主義」との対比を念頭に使われているのであろう。先の大戦で敗戦国であったわが国は戦後長らく国際秩序の形成・維持には関わらず、米国覇権システムの下で日米同盟に依存して自国の安全と繁栄を確保してきた。

つまり、国際の平和と安全を維持・強化するために積極的な働きをするのではなく、消極的にその阻害要因にならないように努めてきた。とはいえ、実際には、わが国は経済大国になるにつれて、国連やその他の国際機関への資金提供で大きな役割を担うようになる一方、頻繁に国連安全保障理事会の非常任理事国となった。また、一九八〇年代末には世界最大の政府開発援助（ＯＤＡ）を供与するようになった。したがって、今次「安保戦略」を策定する随分前から、わが国は既に積極的に「平和主義」的な対外政策を展開してきており、今さら「積極的平和主義」を新たな理念として提示する必要はない。それどころか、少子高齢化が進み、国の債務残高が急激に増加する中、防衛予算の低迷やＯＤＡ予算の削減は不可避となっており、新たに「積極的平和主義」を推進するとしても、外交攻勢が関の山であるのが実情である。また、わが国は積極的に国連平和維持（peace keeping operation）活動に参加するといっても、今後とも軍事力を行使する国連平和強制（peace enforcement operation）活動への参加は余り考えられない。

したがって、「積極的平和主義」は因果関係の観点から戦略策定を支える理念としてではなく、もっぱら修辞的に国民の規範的嗜好《しこう》に訴え、それと共鳴することで国民の支持を得ようとしたものだと言えよう。つまり、その発想の根底には戦略思考ではなくイデオロギー操作があると分かる。とはいえ、解釈改憲によって集団的自衛権の行使を認めるか否かに関する昨今の神学論争の迷走状態に鑑みると、現憲法によるイデオロギー面での制約は非常に大きく、目的合理性に基づく戦略策定を阻害してきたのは明らかである。つまり、「安保戦略」を見れば、策定者が現時点での最大の障害がイデオロギーの呪縛だと認識していることが推し量れる。

3　意図した対外発信を行う内容であるか

一般的に言えば、国家安全保障戦略はその理念、目標、戦略構想等に関して対外的には宣言的な効果を有し、他国の誤解や誤算を低める効果が望める。こうした点から、「積極的平和主義」には十分な効果を望めるだろうか。問題は事実上のリンガ・フランカである英語でどう訳されているかに帰着するといっても過言ではなかろう。

「安保戦略」の公定訳では、「積極的平和主義」は「プロアクティブ・コントゥリビューション・トゥ・ピース（proactive contribution to peace：戦争となる前に事前になされる平和に対する貢献）」となっているが、実際には主要各国の英字紙による報道では、そのまま逐語訳で「アクティブ・パシフィズム（active pacifism）」となっていることが多く、こちらの方が定着してしまった感が強い。

そもそも語義的には、平和（peace）はパシファイ（pacify：武力によって暴徒などを鎮圧し、平穏な状態に戻す＝征服・平定する）から派生した語であり、戦勝国の武力によってもたらされた秩序が安定した状態のことである。そして、パシファイから派生した「パシフィズム」とは「戦争と暴力は正当化できず紛争は平和的な方法で解決すべきだという考え方」（Oxford Dictionary of English）であるとはいっても、反戦・不戦の色合い濃く、兵役拒否の意味合いさえ併せ持つ。結果的には、戦勝国による力の秩序を暗に由とすることとなる。

国際政治史の学徒には、チェンバレン英首相に代表される平和主義者（pacifist）が判断を誤ってミュンヘン会談でヒトラーの要求を呑む宥和政策をとったこと、冷戦時代に、ソ連がパーシング・ミサイル配備の際など西側諸国の平和主義勢力を標的に平和攻勢をかけ、西側陣営の分断を図ったことなどが想起される。つまり、「アクティブ・パシフィズム」では、積極的に降伏し、結果として平和を脅かすとの意味となり、「プロアクティブ・コントゥリビューション・トゥ・ピース」とは全く逆の意味となってしまう。

したがって、「積極的平和主義」は「アクティブ・パシフィズム」がその英訳として定着しつつある結果、安倍政権の安全保障政策と矛盾した印象を与えかねない状況に陥っている。というのも、安倍政権は、中国の台頭と米国の相対的凋落に対応して、日米同盟の強化、自衛隊の統合運用の向上、新たなプラットホームの調達、集団的自衛権行使の容認など、わが国の軍事態勢・軍事能力の強化を推進しつつあり、パシフィズムとは全く無縁だからである。英語で理解すれば、安倍政権は言うこととやることが一八〇度異なり、全く信用できないとの評価になりうる。こうした矛盾は日本の力や影響力を抑えたい国々や安倍政権の外交安全保障政策を頓挫させたい勢力には、攻撃する絶好のチャンスを与えることになりはしないかと懸念される。

4 装備調達や組織改編における資源配分に対して明確な指針を提示しているか

「安保戦略」は自衛隊の統合運用強化を全面に押し出した一方、並行して策定・発表された「平成二六年度以降に係る防衛計画の大綱について」では装備調達と組織改編における資源配分の方針と概括的な装備・組織の規模（別表）が提示された。さらに、並行して策定・発表された「中期防衛力整備計画（平成二六年度～平成三〇年度）について」において、装備調達の具体的な数量を示された。これら三文書によって、戦略論体系の観点からは、「国家安全保障戦略→国家防衛戦略→国家軍事戦略」のかなりの部分を首尾一貫して策定したとの体裁を整えることとなった。

しかし、実際には、統合運用強化は今次の上記三文書が初めて打ち出したものではない。確かに、平成二五年度「防衛大綱」は「統合機動防衛力」との用語を用いているが、平成二二年度「防衛大綱」には既に「動的防衛力」構想によって統合運用強化が強調されていた。現実の「防衛大綱」の策定過程は、防衛省内局が作成し、その後、与党の了承を得て、最終的には政府が策定する。この間、多少の修正・加筆はあるとしても、基本的には防衛省内局が作成していると言っても過言ではない。したがって、実質的に「統合機動防衛力」と「動的防衛力」は同じものであり、単に民主党から自民党へ政権交代があったため、新政権が前政権による用語を避けたと捉えるのが妥当であろう(3)。

もちろん、平成二五年度「防衛大綱」は陸上自衛隊のリストラとそうして捻出する財源を海空自衛隊の装備に向ける方針を示しており、この点曖昧であった平成二二年度「防衛大綱」と対比される。「動的防衛力」は平成二二年八月の「防衛力の実効性向上のための構造改革推進に向けたロードマップ――動的防衛力の構築に向けた全省的取組」で概括的に説明されていた。しかし、そこでは、この構想が必然的に求めるべき資源配分の優先順位、とりわけ断念されるべき装備、編成、態勢と新たに取得されるべき、あるいは強化されるべき装備、編成、態勢との対比が全く提示されていなかった。ある程度の知識があれば、誰の目にもあるべき優先順位は明らかであることから[4]、平成二二年度「防衛大綱」の曖昧さは意図されたものであると言えよう。直截に言えば、官僚組織としての三自衛隊の組織防衛、より具体的に言えば、人員規模の点で三自衛隊の中で六割強を占める陸自のリストラに対する陸自の強烈な抵抗が背景にあったことは明らかである。

したがって、今次「安保戦略」で示された自衛隊の統合運用強化は何ら目新しいものではなく、これによって新たに装備調達や組織改編における資源配分の方向性が打ち出されたわけではない。むしろ、それは過去数年に亘たる政府部内、とりわけ防衛省・自衛隊での政策論争や組織内政治の結果を改めて総括したに過ぎないと捉えることができよう。

5 結論

「国家安全保障戦略（平成二五年）」は、わが国が「防衛大綱」と「中期防」と合わせて、形式的には戦略論体系の観点から初めて一貫した戦略策定を実現したことを意味する。これにより、今後のわが国の戦略策定が体系性・一貫性を念頭になされる制度的プロセスが成立したという意味で、高く評価できる。

しかし、今次の「安保戦略」は国際環境の変容に応じて、どのような戦略構想を持てばよいかとの観点からではなく、もっぱら国内政治におけるイデオロギー的な正当化を念頭になされたと分かった。しかも、英語による国際広報に対する十分な配慮が欠けたために、かえってマイナスの効果を生む危険性を抱えることとなってしまった。

さらに、「安保戦略」は外見上、装備調達や組織改編における資源配分における優先順位を明らかにしたように見えるが、実際には政府部内における過去数年の総括をうまく表現したに過ぎないことが明らかとなった。したがって、「安保戦略」は戦略思考に基づき大胆な方向転換を狙ったものではなく、官僚組織が従来の漸進的変化と対応をボトム・アップ方式で総括したものだと言えよう。こうした特徴は米国覇権が続く限り、大きく変化しないであろう。

しかし、中国の台頭と米国の相対的凋落が進む中、米国覇権の将来がますます不確実な状況になっており、将来的には戦略思考に基づく戦略策定を迫られる可能性がある。そのためには、イデオロギー的呪縛から解放されるために、「現状維持政策」といったより分析的なキーワードを用いて、戦略策定を行うよう方向転換すべきであろう。その上で、イデオロギー的な正当化の役割は別途、国内向け政府広報政策やパブリック・ディプロマシー（public diplomacy：広報文化外交、広報外交、対市民外交）政策として行うべきであろう。

つまり、これまでのように安全保障戦略が広報戦略に引き摺られることがないように、まず前者を策定した上で、その後に後者を検討するという定石を踏み外してはならない。とはいえ、そうすることは、空虚で曖昧な平和主義が広く国民に浸透している現状、とりわけ連立政権のパートナーである公明党が「平和主義」を売りとしている状況を考えると容易ではない。「安保戦略」は淡々と安全保障分野の用語を中心に用いて表現し、それを喧伝すべきではない（もちろん、インターネットなどを用いて公開すべきである）。「安保戦略」の国内広報は、別途、専門チームに任せるべきであり、英語での対外広報はさらに別途の専門チームを作るべきであろう。

（註）

（1）国防の基本方針（一九五七年［昭和三二年］）
国防の目的は、直接及び間接の侵略を未然に防止し、万一侵略が行われるときはこれを排除し、もって民主主義を基調とする我が国の独立と平和を守ることにある。この目的を達成するための基本方針を次のとおり定める。
(1) 国際連合の活動を支持し、国際間の協調をはかり、世界平和の実現を期する。
(2) 民生を安定し、愛国心を高揚し、国家の安全を保障するに必要な基盤を確立する。
(3) 国力国情に応じ自衛のため必要な限度において効率的な防衛力を漸進的に整備する
(4) 外部からの侵略に対しては、将来国際連合が有効にこれを阻止する機能を果たし得るに至るまでは、米国との安全保障体制を基調としてこれに対処する。

（2）拙著「現実と乖離する『基盤的防衛力構想』——新たな防衛戦略の必要性」『東アジア秩序と日本の安全保障戦略』芦書房、二〇一〇年。

（3）東京都千代田区での私的会合にて、自民党政権で外交安全保障分野の国務大臣経験者が示した見解、二〇一三年一二月二〇日。

（4）例えば、本書第7章を参照。

まとめ

最後に、ここまでの本書の分析、評価、提言を簡単にまとめておくこととする。本書の要旨を急いで知りたい読者はここから読み始めてもらっても構わない。

まず、中国がわが国の安全保障に及ぼす脅威に関しては、中国は長年に亘る「一人っ子政策」が必然的にもたらす未曾有の少子高齢化、そしてそれがもたらす福祉関連費支出の増大と国防費支出への制約から、二〇二五年から二〇三〇年以降に懸念すべき水準にはないと予測できる。しかし、その時期に達するまでの今後一〇年から一五年の間、中国は依然として急速な軍拡を継続する余力を有しているると思われる。しかも、現中国共産党の一党独裁体制は、貧富の格差の拡大など、深刻な社会経済的な問題にますます苦しみ、政治的安定性と体制を維持しようと、冒険主義的で好戦的な対外政策に訴える蓋然性が高い。つまり、今後一〇年から一五年が、日本にとって正念場だと言える。ところが、日本は国家財政の危機的状況から容易に防衛費を増やすことができず、そうした状況を補完するために日米安保条約を介して米国の軍事力に頼らざるを得ない。ところが、米国にとって安保条約は憲法上、国内法上の手続きを踏まねばならないという陥穽《かんせい》があり、米国の対日軍事支援が自動的に発動されるわけではない。作戦運用レベルで東シナ海での日米の防衛態勢を強化する一方、日本は米国に対して安保条約で許容できる範囲・程度で対日防衛のコミットメントを強調する対外発信を促すべきである。

米国の対日防衛のコミットメントに関するリスクについては、二〇〇八年のリーマン・ショック以降、米国政府は隠れた部分を含めると巨大な債務を抱えており、金融経済面で極めて深刻な構造的危機に陥っている。その結果、米国はその軍事覇権を支えている経済覇権を維持できるか、より具体的には、大幅な国防費の強制削減を回避できるか、ますます不確実性が高くなってきている。こうしたリスクに対処するため、わが国は自国防衛においてリスクが最も大きい尖閣有事に備えて自助の準備、態勢を整えておくべきである。

次に、米国の対中戦略論・アプローチに関しては、多くの欠点・短所があることが分かった。米国が中国の「接近阻止・領域拒否（Anti-Access/Area Denial：A2AD）」戦略に対して打ち出した作戦構想、「エアシー・バトル（Air-sea Battle）」構想は重要な政治的、外交的な要因を考慮しておらず、米国が想定する特定の条件が整った場合だけにしか有効ではないことが明らかとなった。また、そうした条件が満たされた場合でも、懸念される米国防費の強制削減の規模によっては、同構想が求める戦力の構築を実現できないことも判明した。さらに、中国が軍拡によって保有するようになった多数のミサイルや航空機は台湾戦域で米軍の戦力に肉薄しているが、本書では米軍がその質的優位を駆使して優勢な軍事バランスを維持する方策を提言した。さらに、現在、米国の対中戦略・アプローチとして溯上に載っている「リバランス（rebalance）／ピボット（pivot）」、「エアシー・バトル」、「オフショア・コントロール（Offshore Control）」を比較対照して、米国の対中戦略策定が迷走している様を明らかにした。したがって、わが国は日米同盟を国防の主軸に据えながらも、自助の努力も強化せねばならない。

また、日中が直接軍事的に対峙する東シナ海において、日米同盟を介して米軍事力を発揮させるため、いかに駐沖縄米軍の航空基地を維持、確保するかを考察した。その際、米海兵隊普天間基地の移転問題を巡って鳩山・菅内閣時代の政策過程を分析することで、基本的には現在でも継続している沖縄の地方政治が日米同盟政策に課す制約を捉える一方、沖縄本島における米軍基地が中国のミサイルの射程内にありその攻撃に脆弱であることを示した。また、その軍事的価値が条件付き、限定的であることを踏まえ、どのような基地の在り方と利用方法が地方政治の制約を躱《かわ》し、軍事的にも有効な方策であるかを示した。さらに、自衛隊がその軍事力を強化するため、自衛隊による下地島空港（沖縄県宮古市）の利活用を提言した。その際、同空港の設備・能力を精査したうえで、同空港を巡る技術的、経済的、政治的状況の変容のため、防衛目的での活用に向けて「機会の窓」が開きつつあることを分析した。

さらに、現在のわが国の防衛・軍事戦略を新たな中核的概念である「動的防衛力」（「統合機動防衛力」とほぼ同義）に焦点をあてて分析・評価し、あるべき具体的な防衛調達を提言した。その際、従来の「基盤的防衛力」構想から「動的防衛力」構想への転換が、陸上自衛隊のリストラによる財源の捻出によって、海空自衛隊の増強を要求することに留意した。

また、第三世代の戦闘機である航空自衛隊のF－4ファントムの後継機としてF－35ではなく、英国製のユーロファイターを選定すべきであったことを、価格、性能、防衛産業基盤の維持、対米同盟関係の維持等の総合的な観点から論じた。実際、その後、開発中のF－35は技術的な問題が続出し、調達予定国がその調達計画を修正・変更しており、わが国は期待する性能の機体を予定通り調達できるかという点で別の深刻なリスクをかかえることとなった。

最後に、第二次安倍政権が初めて策定した「国家安全保障戦略」の意義を、従来の外交安保政策とは異なる新たな戦略的方向性を提示したか、国民からの支持を確保・強化する内容であるか、意図した対外発信を行う内容であるか、装備調達や組織改編における資源配分に対して明確な指針を提示したか、これら四点に着目して総合的に分析・評価した。その結果、「国家安全保障戦略」が多分に国内のイデオロギー闘争を念頭に置いて策定され、戦略思考を犠牲にしていることを指摘した。

要するに、現在、中国の台頭と米国覇権の相対的凋落により、ますます東アジア秩序の不確実性は増大しており、日本の軍事安全保障政策はそうした状況に直面して、漸く現実的なものへと転換しつつあると言える。しかし、依然、問題は山積しており、大きなリスクを抱えたままである。

●著者略歴

松村昌廣（まつむら・まさひろ）

1963年、神戸市生まれ。

関西学院大学法学部政治学科卒。米オハイオ大学にて政治学修士号（MA）、米メリーランド大学にて政治学博士号（Ph.D.）。現在、桃山学院大学法学部教授、国際安全保障学会理事、一般財団法人平和・安全保障研究所研究委員、防衛省行政事業レビュー推進チーム外部有識者会議委員、一般社団法人・国際平和戦略研究所理事。

この間、ハーバード大学オーリン戦略研究所ポストドクトラル・フェロー、米国防大学国家戦略研究所客員フェロー、ブルッキングス研究所北東アジア政策研究センター客員フェロー、ヘリテージ財団客員研究者、ケイトー研究所客員フェローなどを務めた。

専門は国際政治学、国家安全保障論。研究の焦点は日米同盟政策、防衛産業政策、軍事技術開発政策、軍事情報秘密保全政策など。

2001年国際安全保障学会最優秀論文賞（神谷賞）、2005年同会防衛著書出版奨励賞（加藤賞）受賞。

著書に『日米同盟と軍事技術』（勁草書房）、『日米同盟と日本の選択』（勁草書房）、『軍事情報戦略と日米同盟』（芦書房）、『動揺する米国覇権』（現代図書）、『軍事技術覇権と日本の防衛』（芦書房）、『東アジア秩序と日本の安全保障戦略』（芦書房）ほか多数。

Japan's National Defense After U.S. Hegemonic Decline

米国覇権の凋落と日本の国防

■発　行——2015年11月10日
■著　者——松村昌廣
■発行者——中山元春
■発行所——株式会社　芦書房
〒101　東京都千代田区神田司町2-5
電話 03-3293-0556／FAX 03-3293-0557
http://www.ashi.co.jp
■印　刷——モリモトト印刷
■製　本——モリモト印刷

ISBN978-4-7556-1281-7 C0031